爱上编程
CODING

小猴编程 Scratch 3.0 趣味少儿编程 入门篇

赵满明 兰海越 常亚静 编著

人 民 邮 电 出 版 社
北 京

图书在版编目（CIP）数据

小猴编程 : Scratch 3.0趣味少儿编程. 入门篇 / 赵满明，兰海越，常亚静编著. -- 北京 : 人民邮电出版社，2019.9
（爱上编程）
ISBN 978-7-115-51429-5

Ⅰ. ①小… Ⅱ. ①赵… ②兰… ③常… Ⅲ. ①程序设计—少儿读物 Ⅳ. ①TP311.1-49

中国版本图书馆CIP数据核字(2019)第130897号

内容提要

本书结合数学、科学、音乐等几个科目，以小猴编程卡通角色带入，用丰富的人设和故事把 Scratch 3.0 所表达的计算思维展现出来。全书共分为 12 课，每课主要讲一个功能模块，鼓励孩子们运用这个模块实现各种项目，不仅教会孩子们使用 Scratch 3.0，掌握全新的编程思维，还能提升孩子们的创造力、思考力、想象力。本书非常适合孩子们使用，全系列分为入门篇和提高篇，此为入门篇。

◆ 编　　著　赵满明　兰海越　常亚静
责任编辑　魏勇俊
责任印制　彭志环

◆ 人民邮电出版社出版发行　　北京市丰台区成寿寺路 11 号
邮编　100164　　电子邮件　315@ptpress.com.cn
网址　http://www.ptpress.com.cn
北京东方宝隆印刷有限公司印刷

◆ 开本：889×1194　1/20
印张：8　　　　2019 年 9 月第 1 版
字数：168 千字　　　　2019 年 9 月北京第 1 次印刷

定价：59.00 元

读者服务热线：(010)81055493　印装质量热线：(010)81055316
反盗版热线：(010)81055315
广告经营许可证：京东工商广登字 20170147 号

课前准备 PRE CLASS PREPARATION

亲爱的小朋友们，在开始上课前，我们先来做一些课前准备吧！看完下面这些小知识，我们就可以跟随小猴皮皮开启 Scratch 3.0 趣味编程之旅了。

都有哪些人物？

小猴皮皮

小猴编程的主人公。

小鸟云云

小猴皮皮的好朋友。

猴博士

智慧的象征。

大猩猩黑客

小猴皮皮的好朋友，有时候比较调皮。

咦？他们在说些什么？

带尾巴的长方形中就是人物之间的对话。阅读这些对话，跟着小猴皮皮一起学习！

小猴皮皮：小猫躲起来了，小猫又出来了！

猴博士：小猴皮皮，你看，现在我们的程序是不是一直在运行了？

学习技巧在哪里？

虚线长方形中是学习中的一些小技巧，一定要掌握哟！

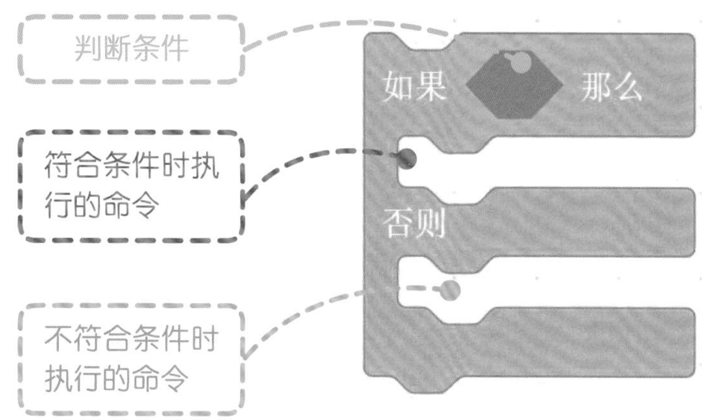

遇到不懂的知识怎么办？

遇到不懂的知识，就看带花边的长方形中的内容，这些内容既可以给小朋友看，也可以供老师和家长辅导时参考。让我们一起认真学习，全面掌握编程思维！

循环结构：程序的常用结构之一。就是反复运行某一段程序。就像是钟表的指针一样，一圈一圈反复地运行。常见的例子就是路口的红绿灯，按照一定的规律一直重复运行。

目录 CONTENTS

第一课

认识Scratch

猴博士：原来是小猴皮皮啊，我正在为我们的电子宣传栏做动画呢。

小猴皮皮：猴博士，您在干什么呢？

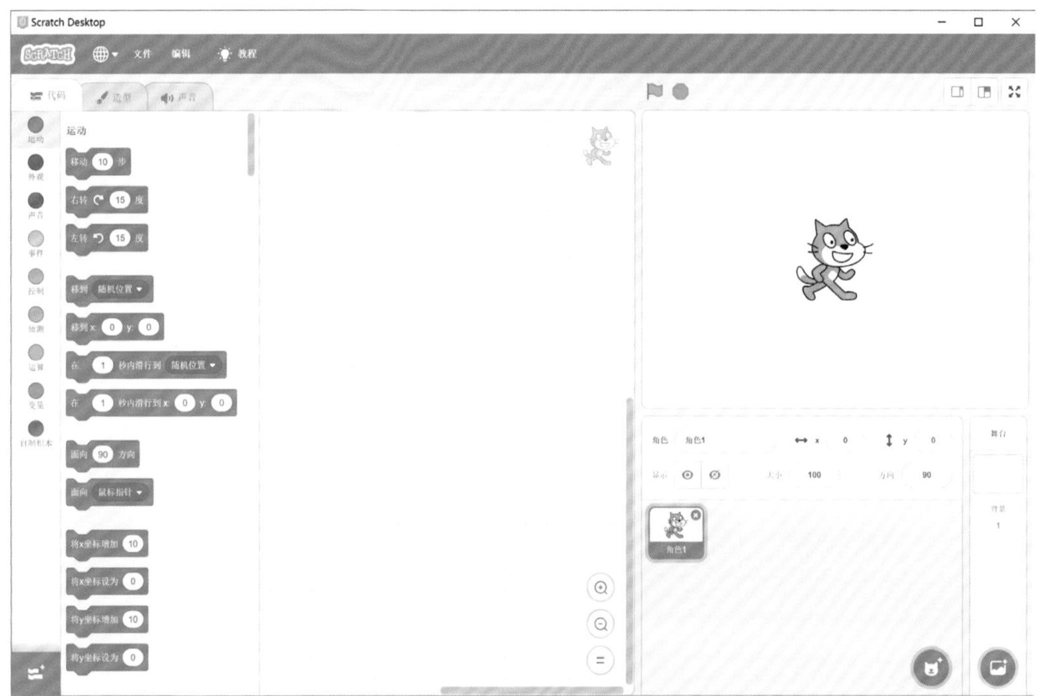

小猴皮皮：咦，这儿有只小猫！

猴博士：对，这就是 Scratch 3.0 的界面，这只小猫就是 Scratch 3.0 的主角。

猴博士：好，我带你去看看 Scratch 3.0 都有哪些功能！

小猴皮皮：这个软件都能干嘛呀？您快教教我吧！

程序启动和停止按钮

展示区调整按钮、全屏按钮

展示区：各种“人物”“场景”存在的地方。可以演示程序运行的效果。

猴博士：这是软件的展示区，我们可以查看程序运行的效果。

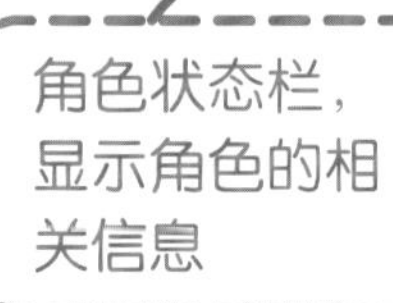

角色 角色1 x 0 y 0
显示 大小 100 方向 90
角色1
舞台
背景
1

角色状态栏，显示角色的相关信息

多种方式新建背景

多种方式添加新角色

角色列表区：程序中所有的“人物”（即角色）都排列在这儿。想编辑、修改、查看程序，就直接单击这个“角色”即可。

被选中的角色会被“蓝色框”标记出来。

猴博士：这是角色列表区。

基本工具栏，保存、打开文件、编辑等

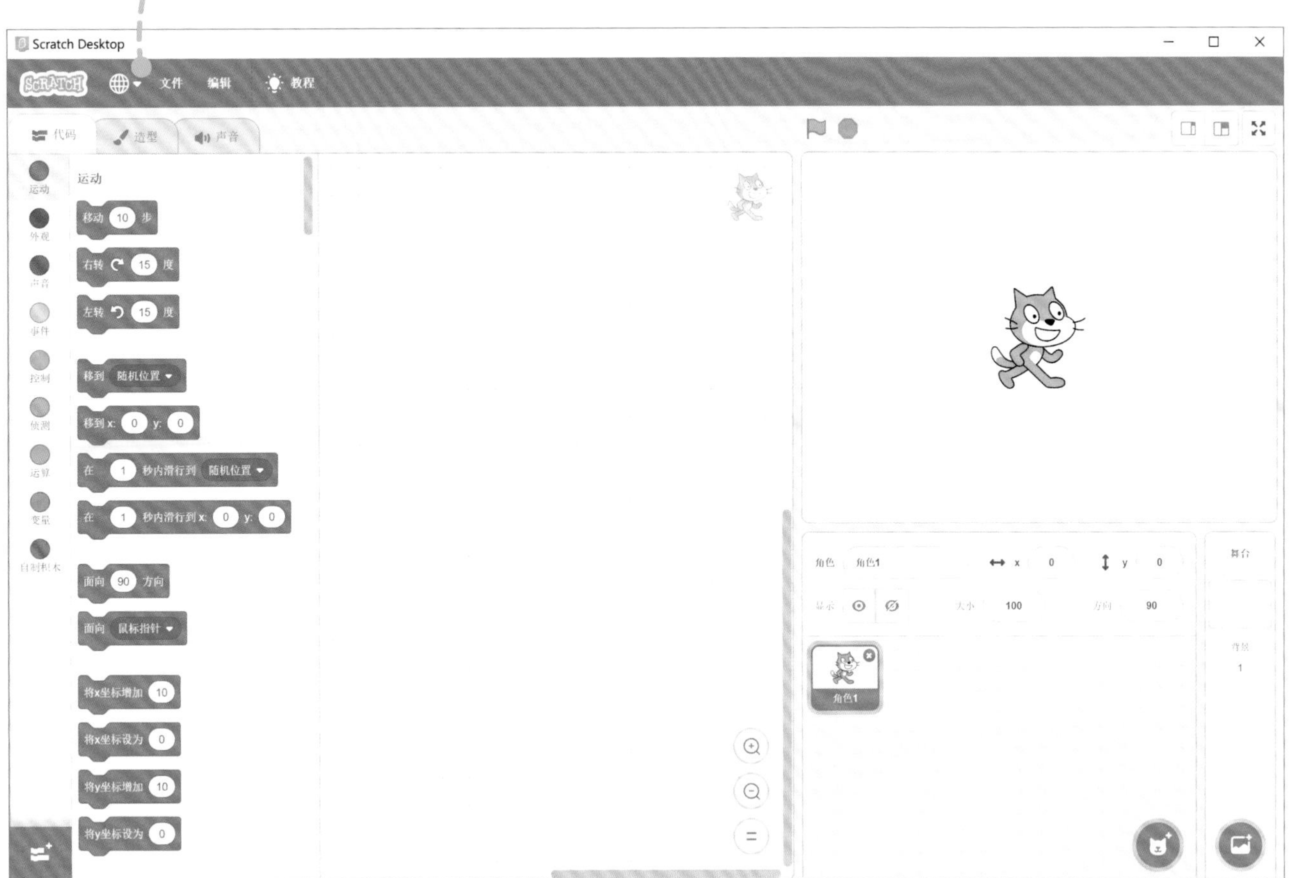

创作区：可以在里面编写程序，也可以修改角色的外观，还可以录制声音。

猴博士：在展示区和列表区的中间就是我们的编程创作区了，这里面有3个选项卡，点击后会切换到不同的功能。

猴博士：这是代码选项卡的界面。

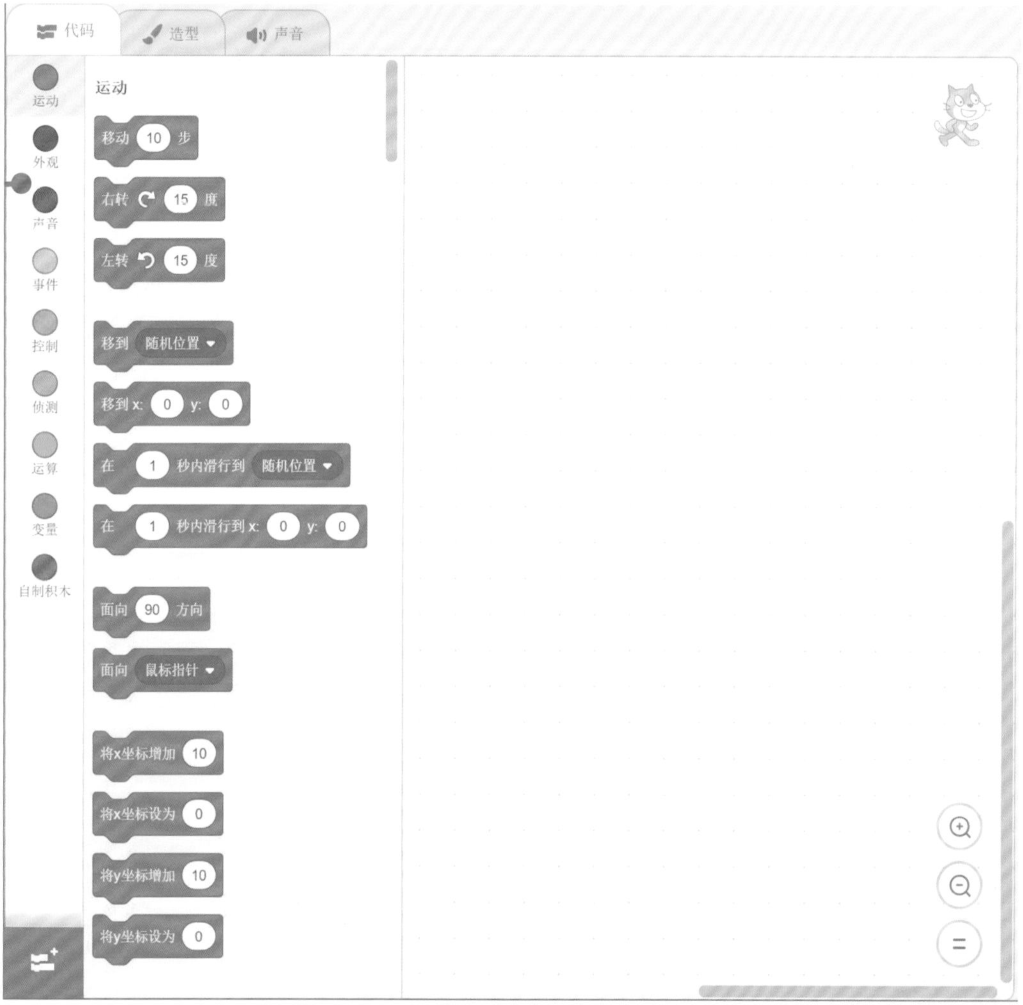

代码　造型　声音

运动　外观　声音　事件　控制　侦测　运算　变量　自制积木

运动

移动 10 步

右转 15 度

左转 15 度

移到 随机位置

移到 x: 0 y: 0

在 1 秒内滑行到 随机位置

在 1 秒内滑行到 x: 0 y: 0

面向 90 方向

面向 鼠标指针

将x坐标增加 10

将x坐标设为 0

将y坐标增加 10

将y坐标设为 0

不同类型的命令，使用不同的颜色标记。我们可以根据命令的颜色来查找，这样更快捷

代码选项卡：里面有命令，我们只需要把命令从选项卡中拖曳出来就行了。

造型选项卡：这里面包含了画图的工具，我们可以使用它来改变角色的外观。还可以增加或者减少造型的数量。

拆散、组合并调整放置顺序的按钮

撤销和重做

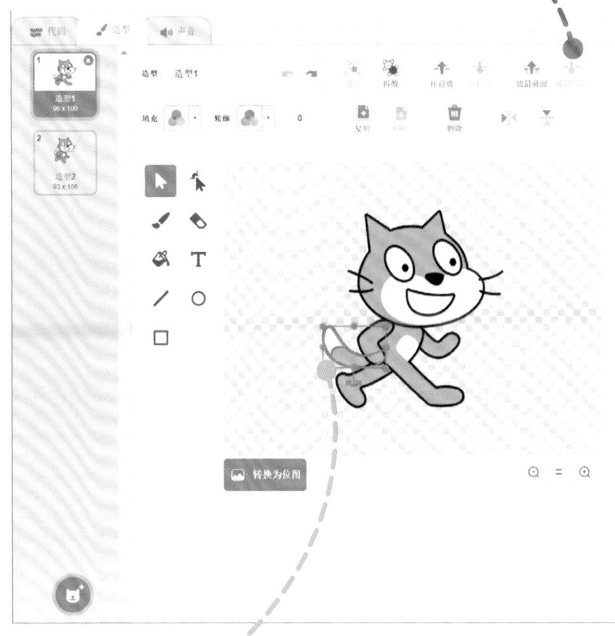

常用绘图工具，和 Windows 的差不多

调整时需要先选中要调整的部分

3.0 版软件增加了对矢量图的处理功能，可以把原有的矢量图拆散、组合并调整放置顺序。

猴博士：这是造型选项卡的界面。

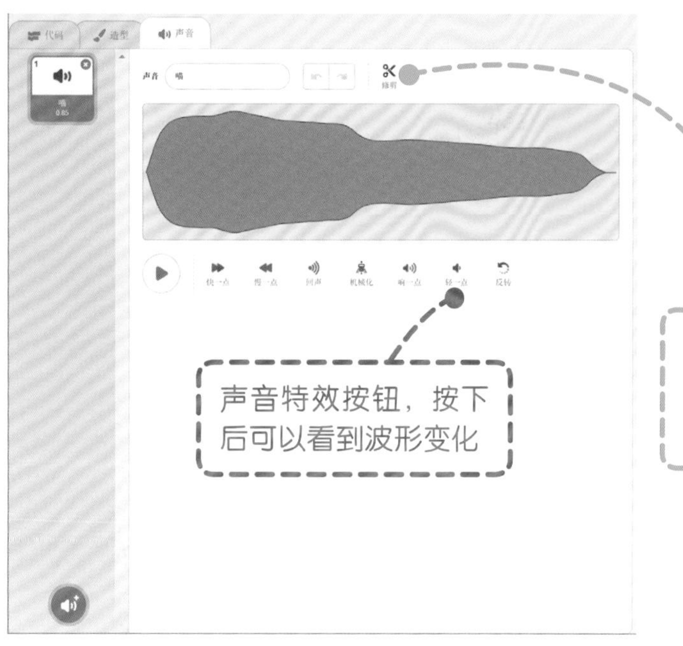

猴博士：这是声音选项卡的界面。

修剪按钮，用来截取部分声音

声音特效按钮，按下后可以看到波形变化

声音选项卡：这个界面提供了录制声音的工具，有了它我们就能够给动画片配音了！

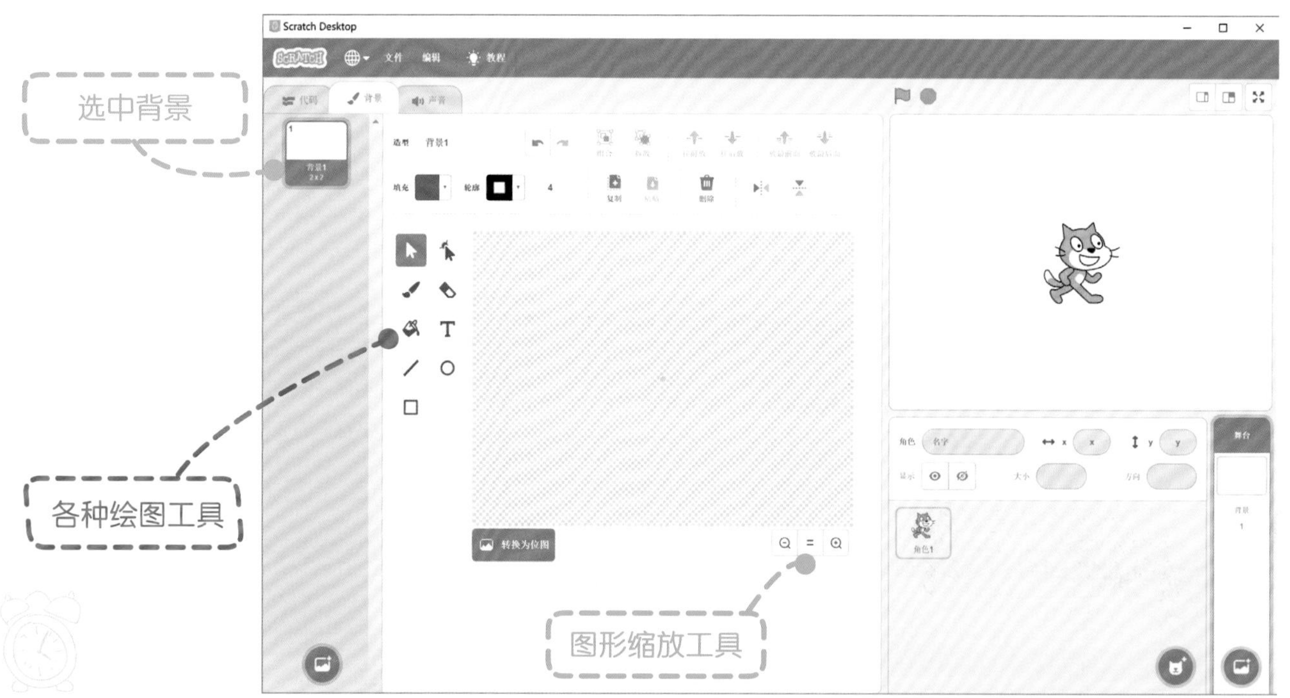

选中背景

各种绘图工具

图形缩放工具

猴博士：现在我们一起试试给小猫安个家吧！首先，我们把地面和房子的外框架画好。

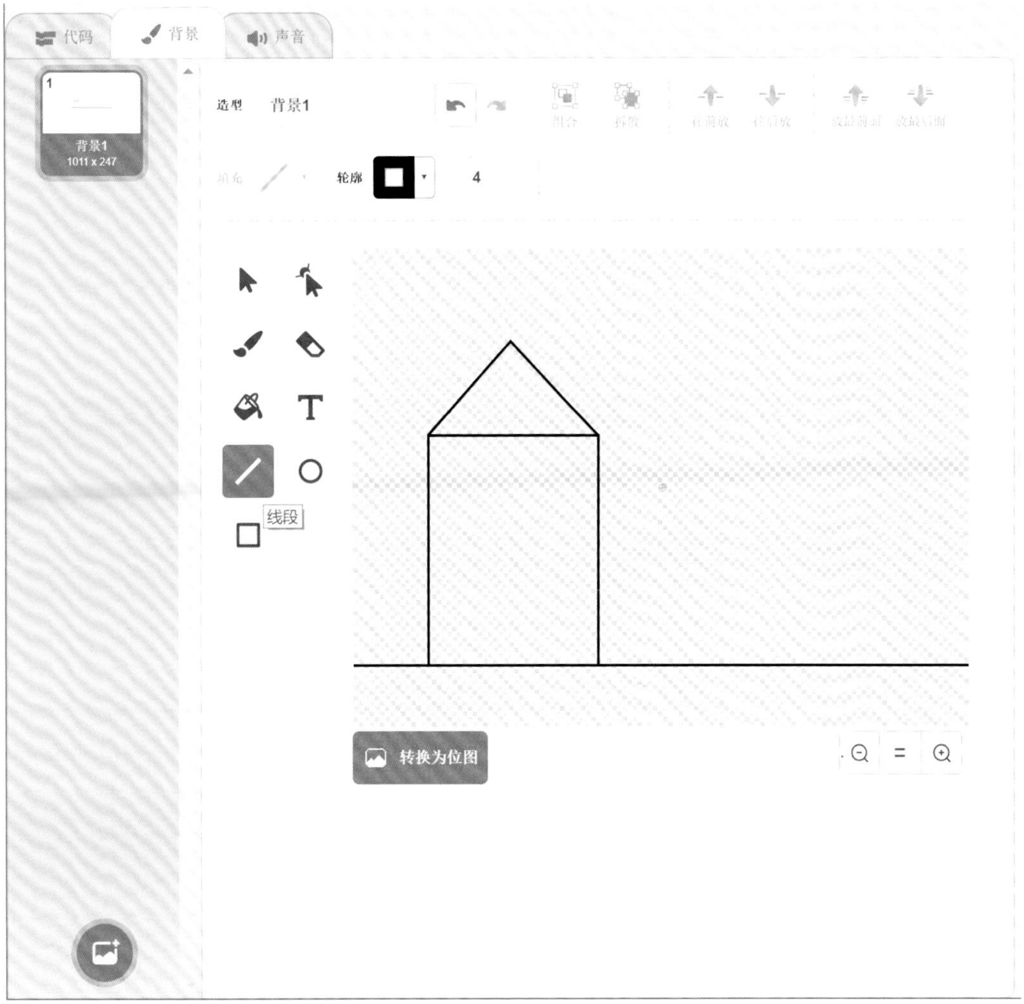

猴博士：如果有不认识的工具，只要把鼠标指针放在上面，就会弹出说明标签。

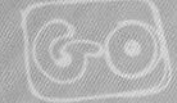

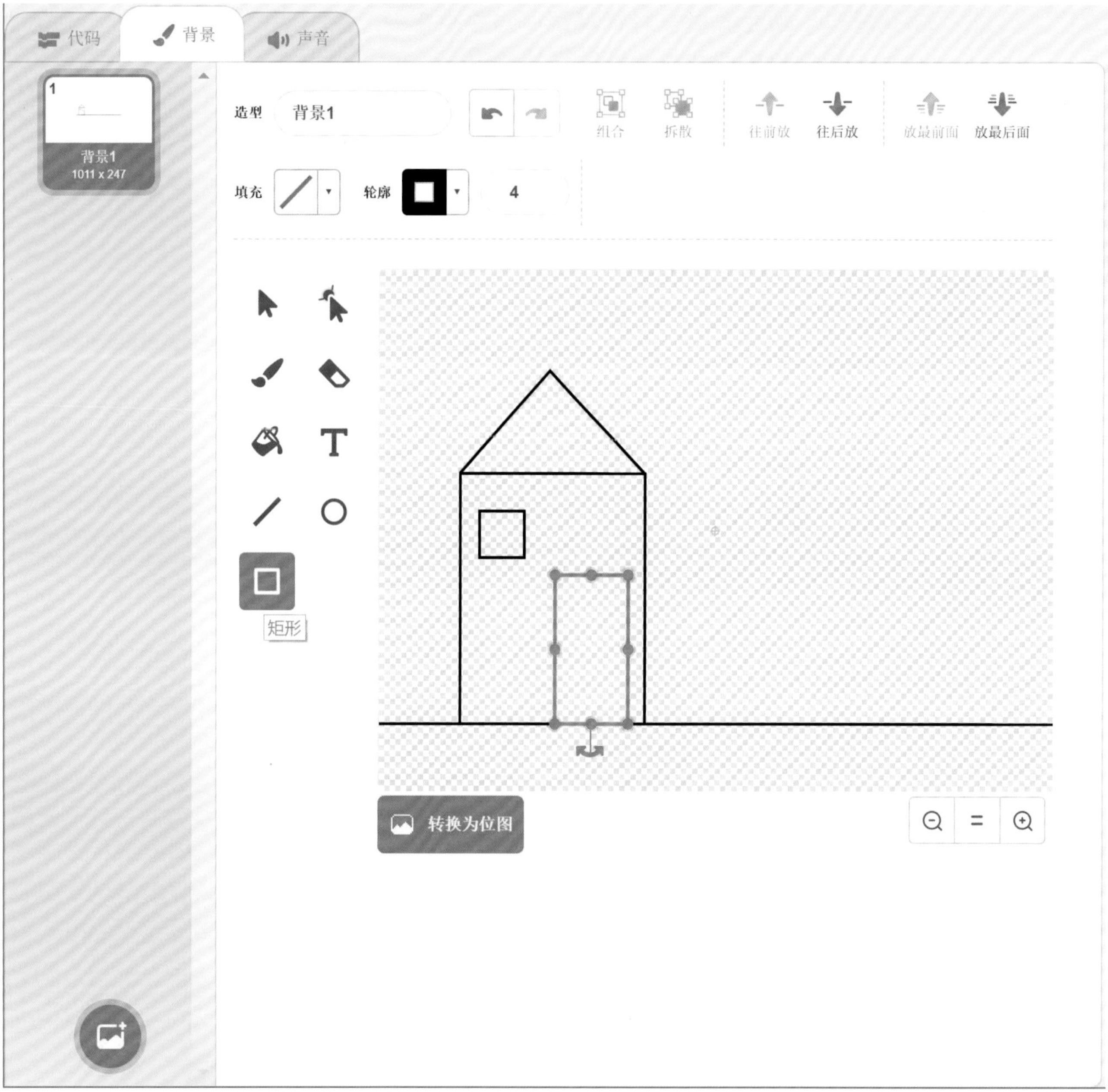
代码
背景
声音
1
背景1
1011 x 247
造型
背景1
组合
拆散
往前放
往后放
放最前面
放最后面
填充
轮廓
4
矩形
转换为位图

猴博士：把窗户做好，再加个门把手怎么样？

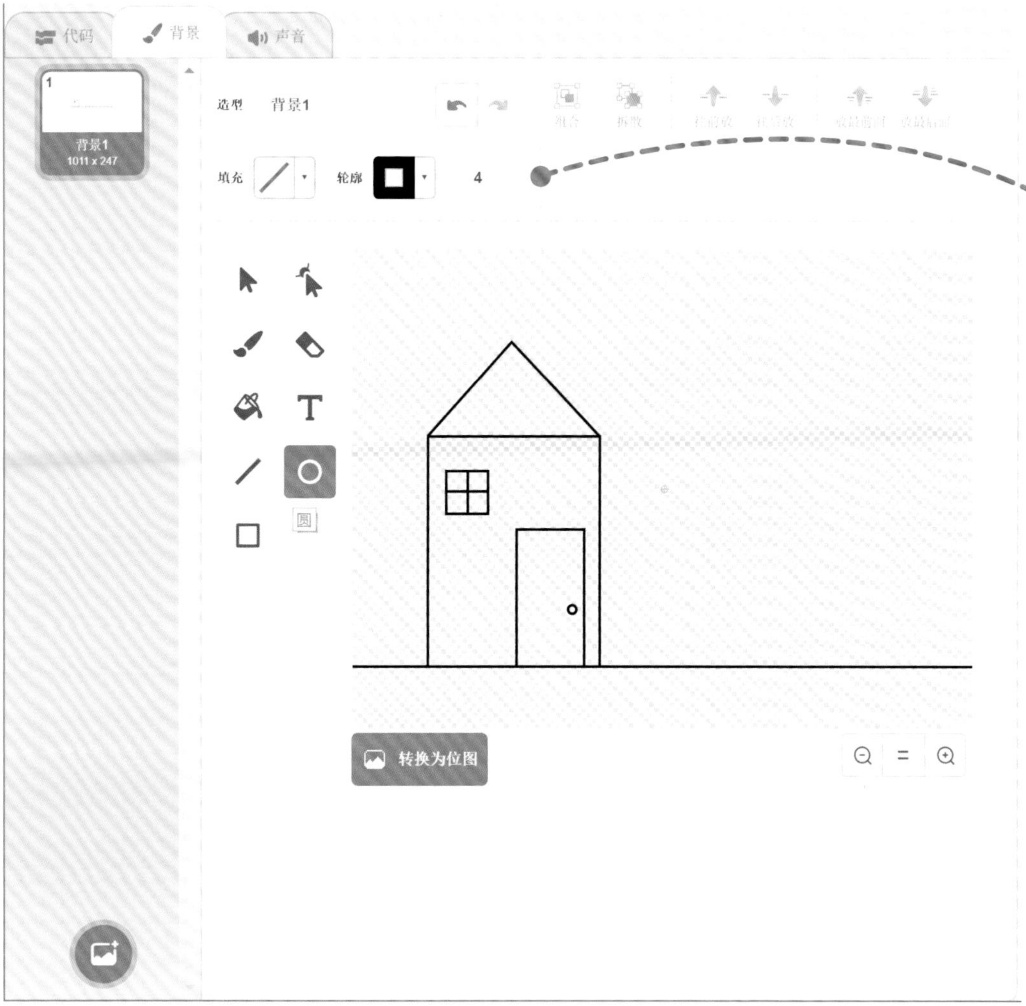

注意：选取图形的轮廓和填充颜色是可以调整的！这样就可以一边画一边上色了！（也可以画好后，填充颜色。）

绘图工具：可以用来画线段、矩形、椭圆，还可以填充颜色、擦除、复制等。

猴博士：外框架画好了，好像缺少点什么？

小猴皮皮：颜色，有颜色才漂亮！

猴博士：颜色填充工具可以帮到我们！

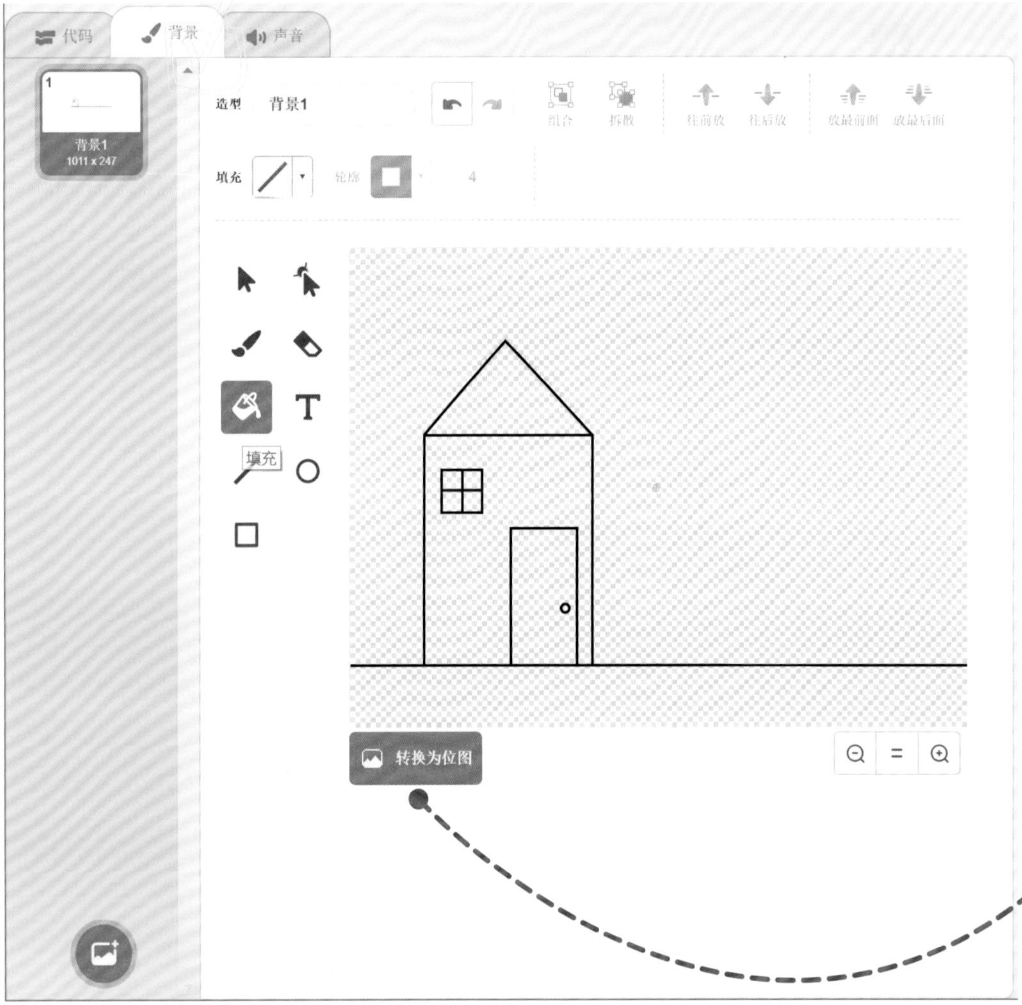

填充颜色之前，我们需要先把图形转换为位图

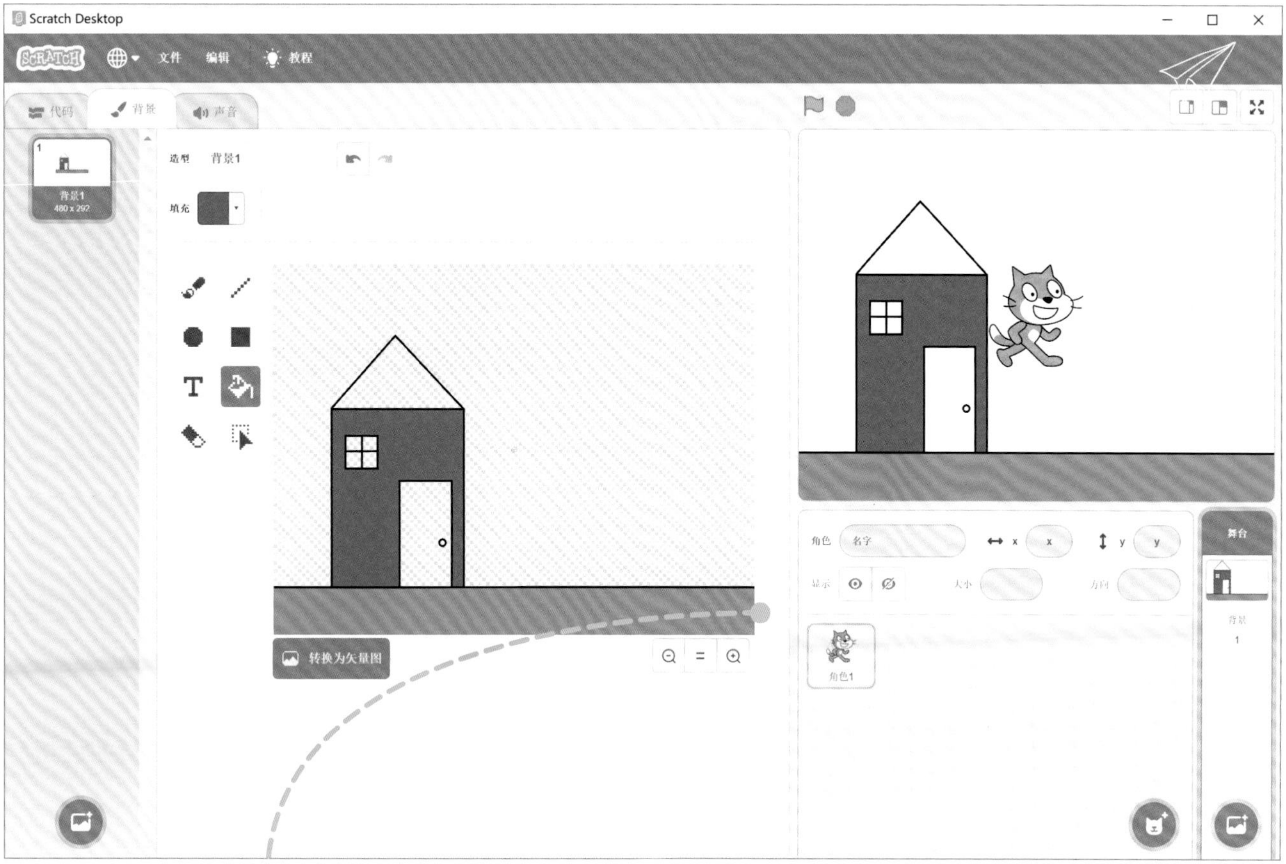

颜色填充工具可以帮我们快速上色，但是它是受要上色图形的边界限制的

上色前要检查图形边界是不是都封闭了，要不然其他图形甚至是背景都会被染色。

小猴皮皮：猴博士，位图和矢量图有什么区别啊？

猴博士：简单地说，矢量图放大后不失真，而位图放大后会失真。

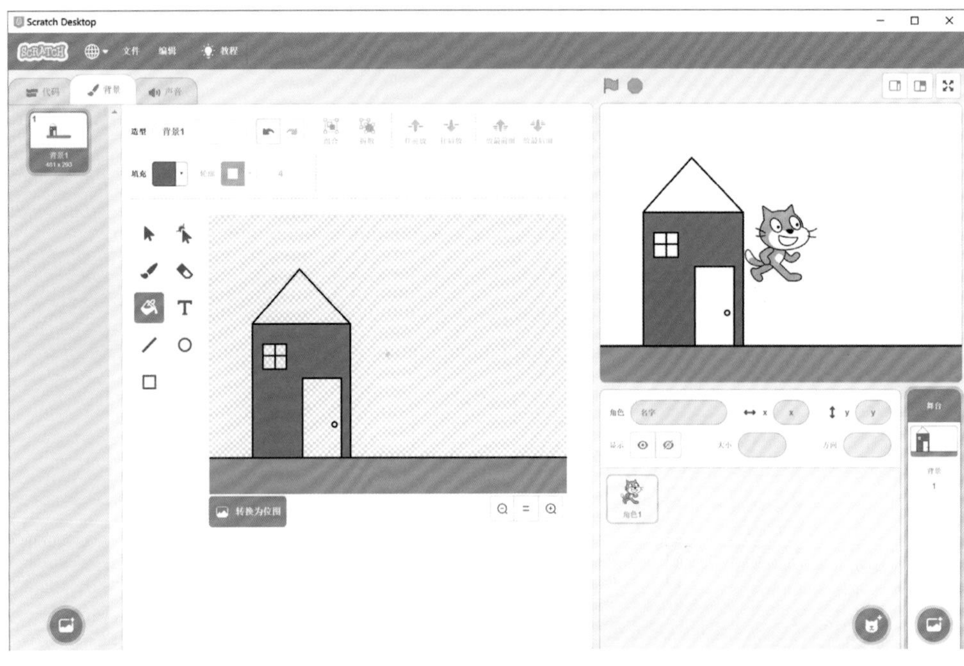
Scratch Desktop
文件
编辑
教程
转换为位图

Scratch Desktop
文件
编辑
教程
转换为矢量图

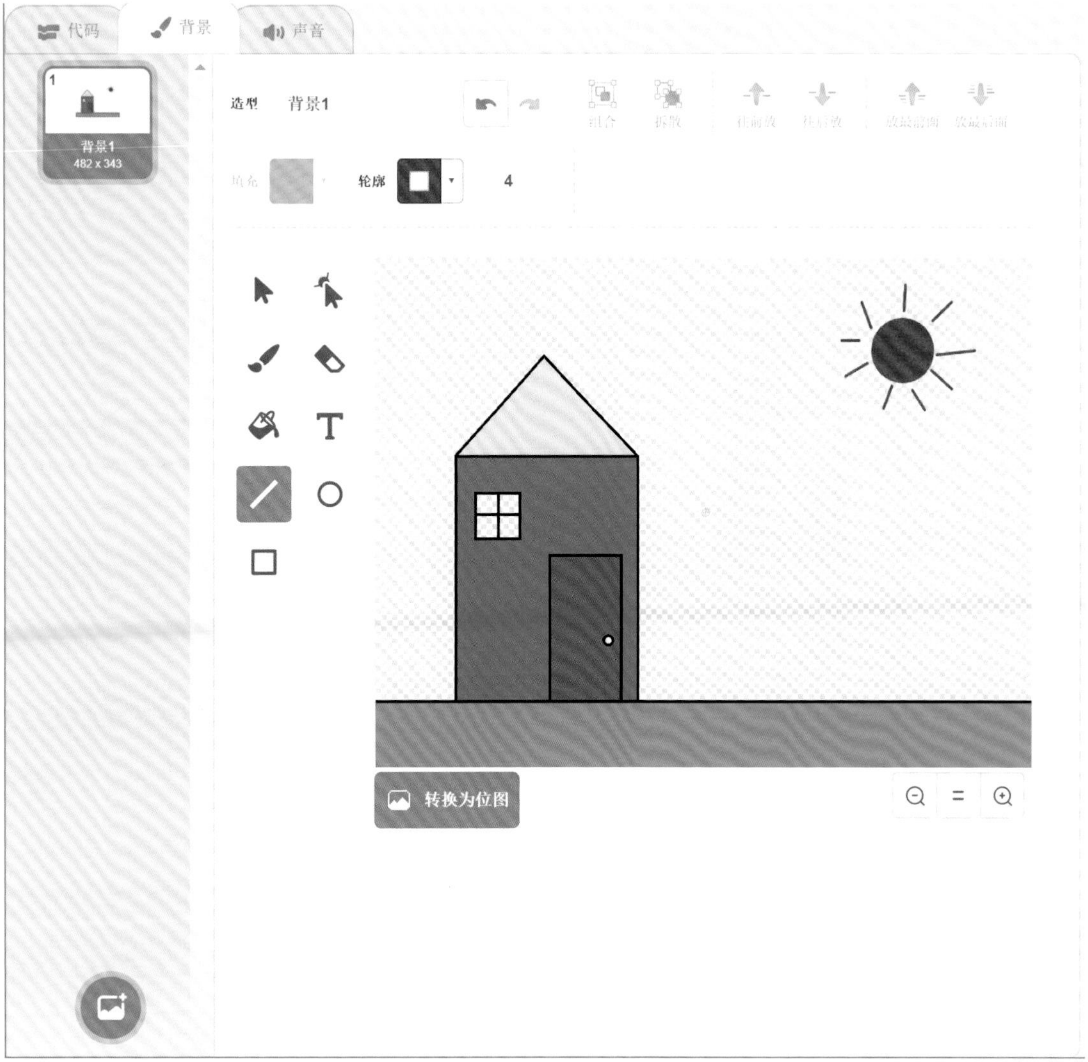

猴博士：好了，现在我们的小房子已经画好了。让我们来看看效果吧！

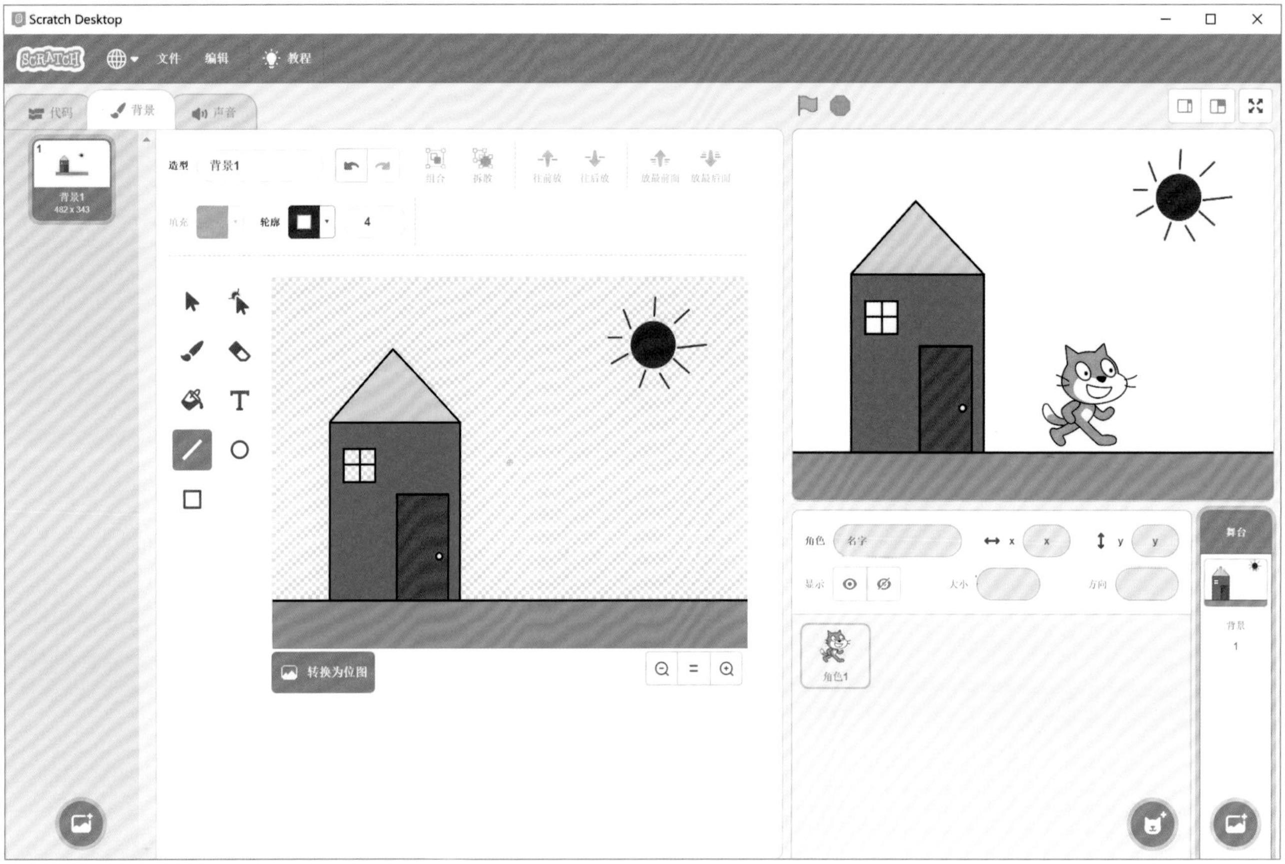

作业 HOMEWORK

猴博士：我们今天已经知道 Scratch 3.0 软件怎么使用了。小猴皮皮，你来试试给小猫“做”件漂亮的衣服吧！

第二课
事件
与控制

小猴皮皮：猴博士，上次您教的我都掌握了，今天是不是再教我点新知识呀？

猴博士：好呀！今天就教你基本的编程知识吧。

“事件”程序模块：这里面包含了各种程序启动的方式，以及广播等。

猴博士：这就是我们最常用的“事件”程序模块。

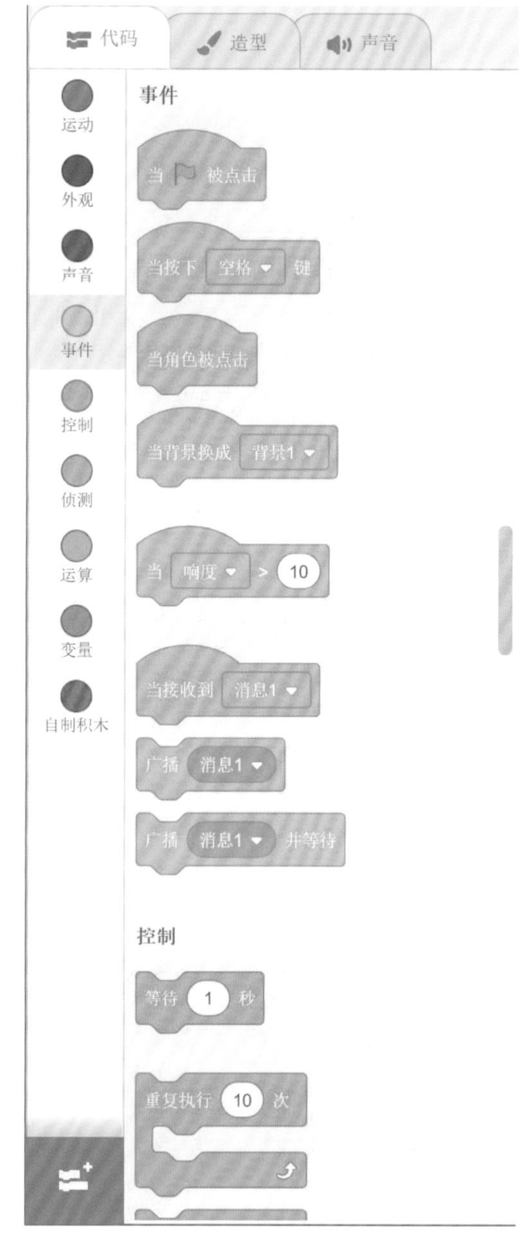

“当🏳被点击”是我们最常用的启动方式，只要点击绿旗，程序就会自动向下运行，直到结束

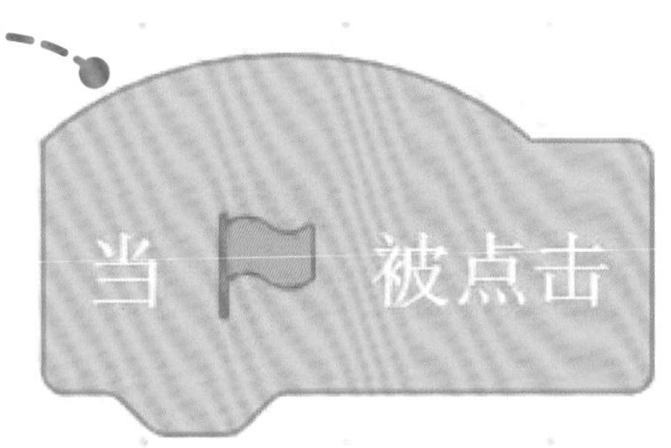

猴博士：我们先做一个简单的程序。

猴博士：让小猫和我们打个招呼。

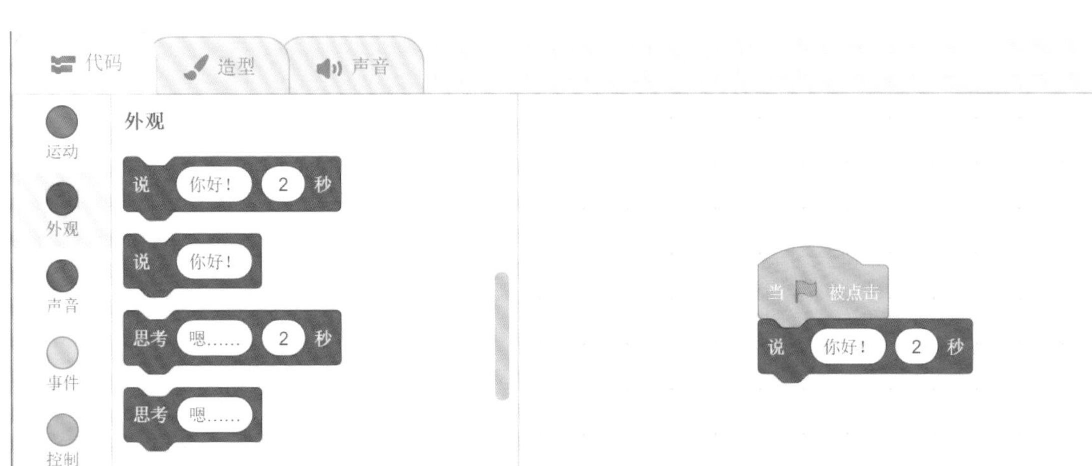

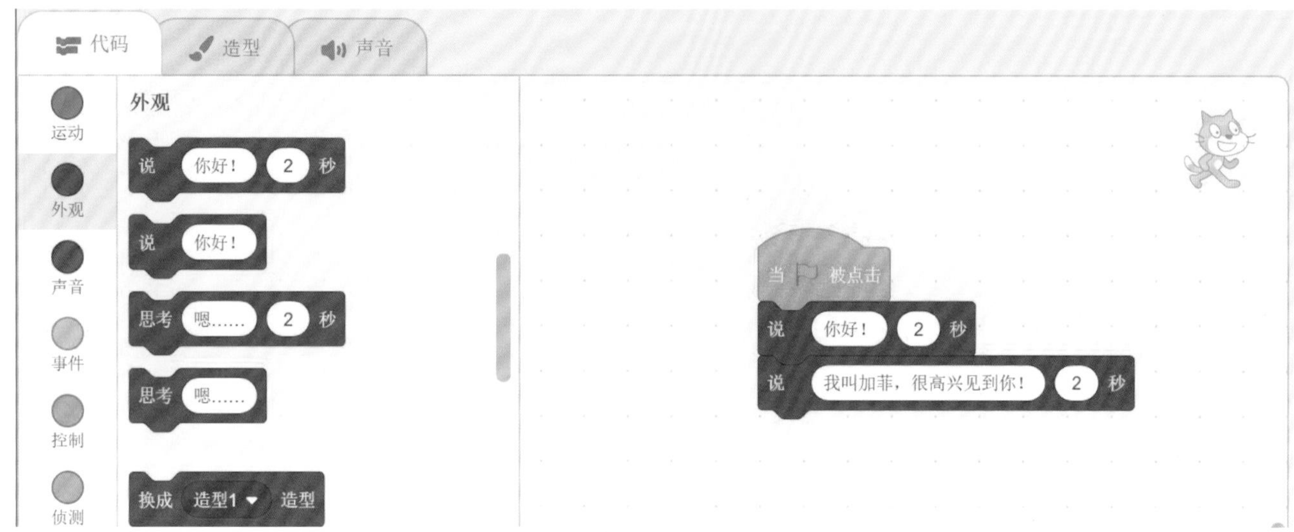

猴博士：点击🏳，快来听听！

顺序结构：其实就是按照命令的先后顺序，一条一条地往后执行，就像我们读课文一样，一句一句地往后读。

小猴皮皮：猴博士，小猫能说话了，可是只有一句呀！

猴博士：是啊，因为我们没有再编别的程序，所以命令执行完就结束了。这就是顺序结构。

"当角色被点击"启动的方式就变了，用鼠标点击一下小猫，程序就启动了

小猴皮皮：猴博士，除了顺序结构以外，程序还有其他结构吗？

猴博士：当然有了，我们常用的还有循环结构。来，我们编写一个循环结构的程序。

当角色被点击

重复执行

循环结构：程序的常用结构之一。就是反复运行某一段程序。就像是钟表的指针一样，一圈一圈反复地运行。常见的例子就是路口的控制红绿灯的程序，按照一定的规律一直重复运行。

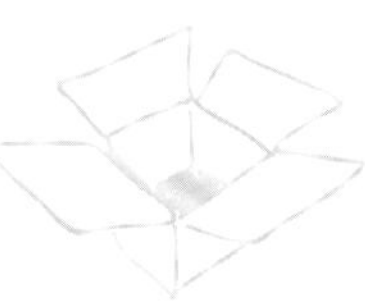

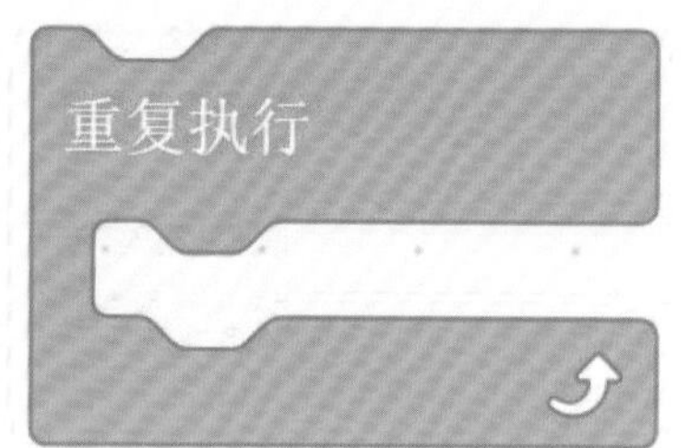

程序启动以后就会反复运行这个程序框中的程序，直到我们按下停止按钮，或者使用了停止命令。

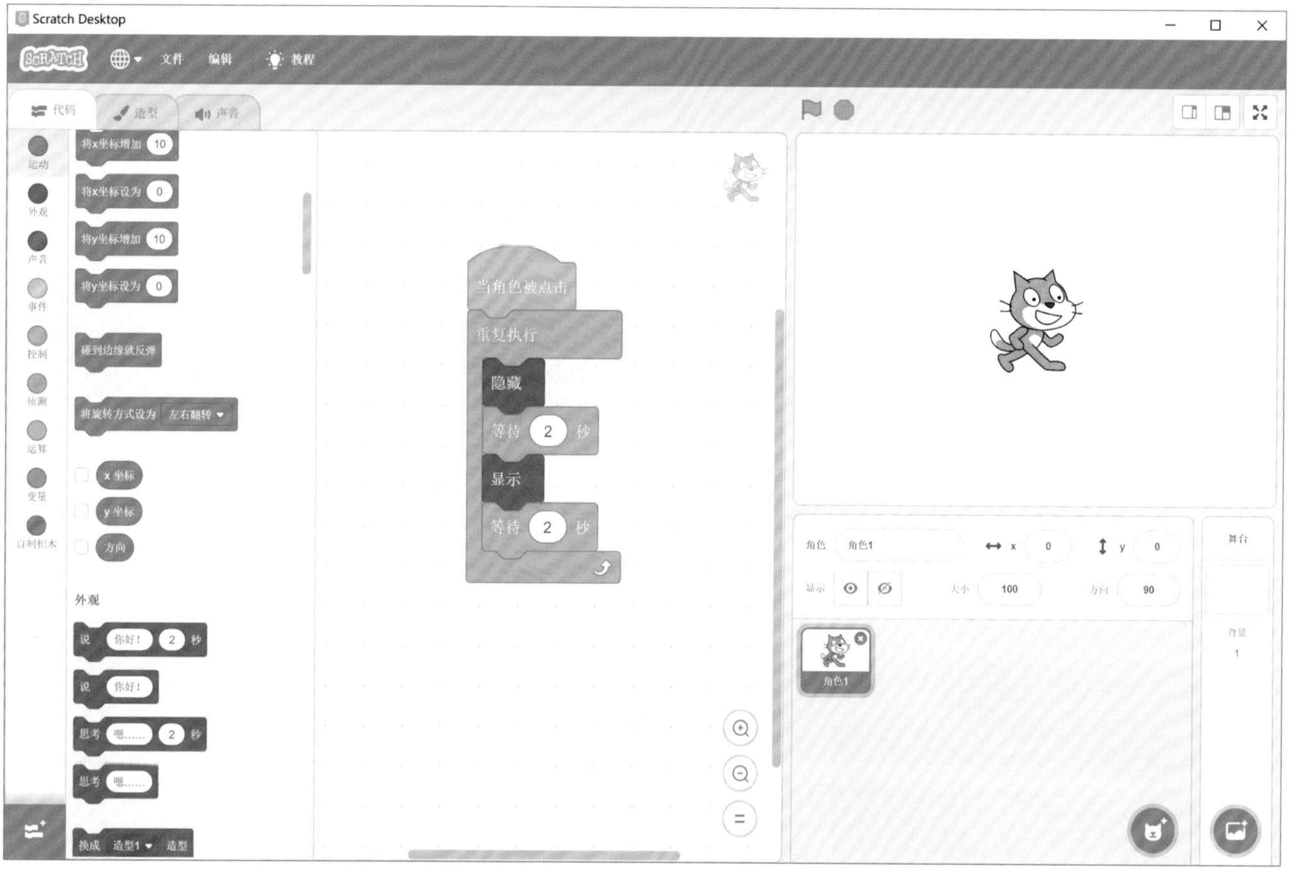

当角色被点击
重复执行
隐藏
等待 2 秒
显示
等待 2 秒

小猴皮皮：小猫躲起来了，小猫又出来了！

猴博士：小猴皮皮，你看，现在我们的程序是不是一直在运行了？

小猴皮皮：恩！

小猴皮皮：猴博士，循环结构能够一直运行程序。学会了这个，我们是不是就能编写计算机中的程序了？

分支结构：分支结构就像“树枝”一样，可以有多种走向，让程序有着不同的运行结果。

当 被点击
重复执行
如果 那么
否则

猴博士：想编写出计算机中的程序，我们还需要学习分支结构还有一些算法。

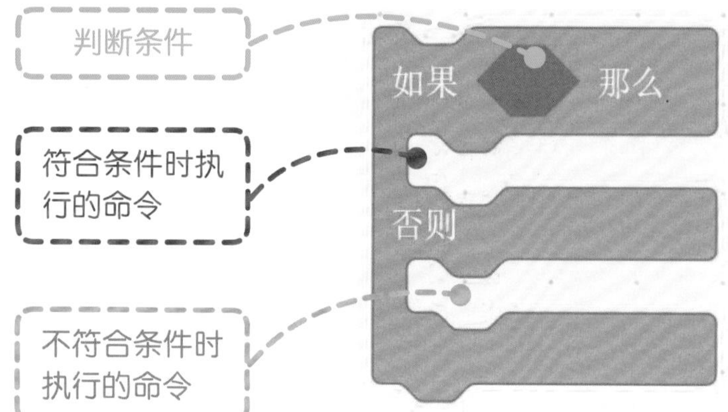

分支结构最重要的就是判断，判断得到不同结果，对应执行不同的命令。

猴博士：小猴皮皮，这就是我们的分支结构。

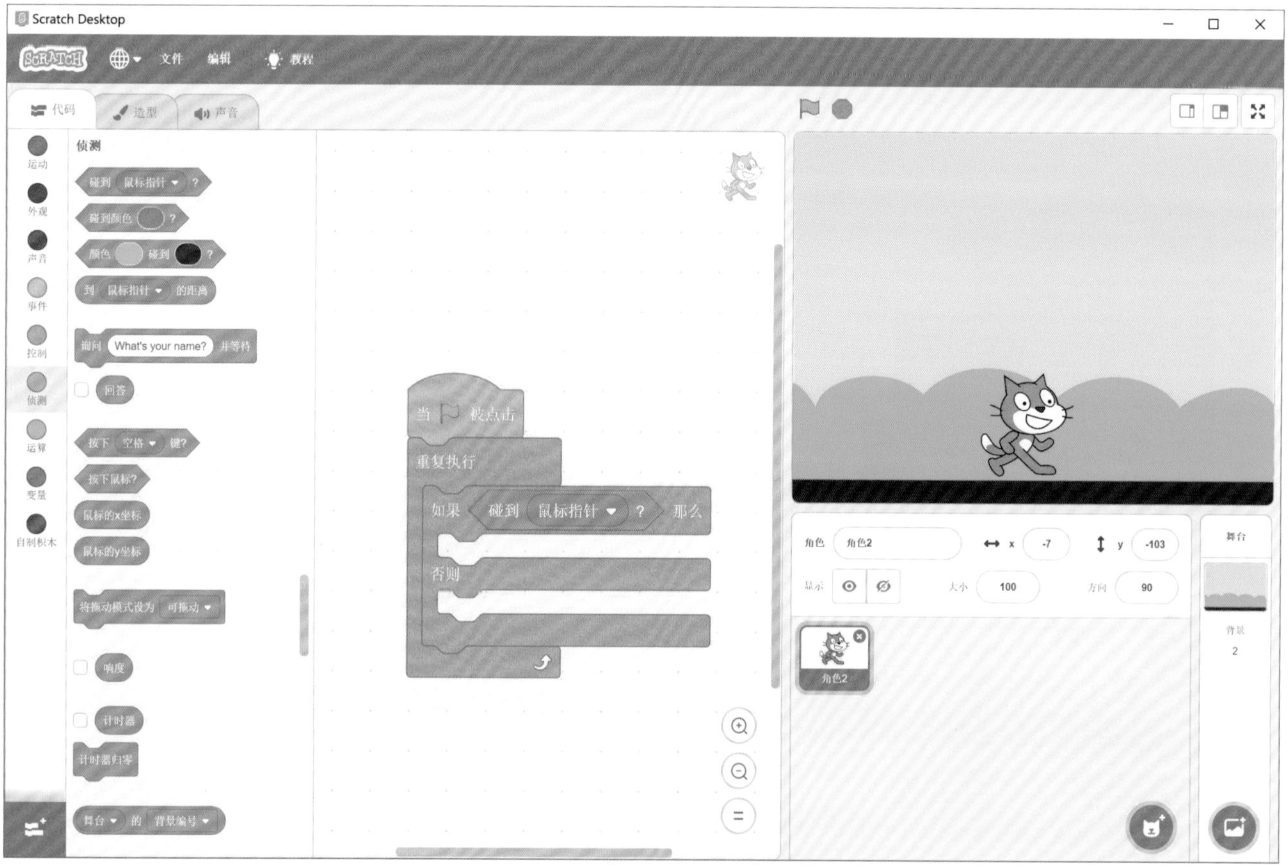

碰到 鼠标指针 ▼ ?

判断的条件可以根据要求从下拉菜单中选择

✓ 鼠标指针

舞台边缘

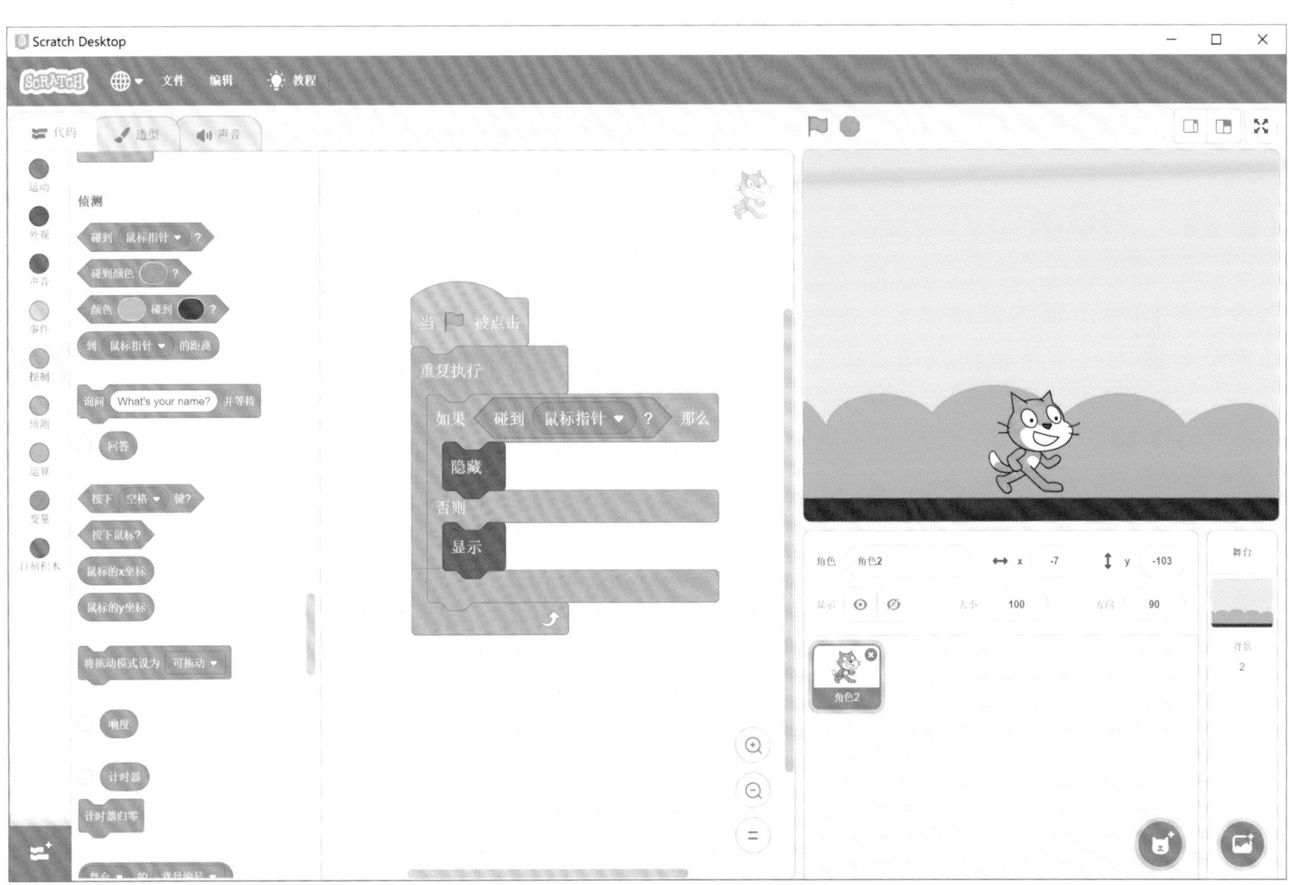

猴博士：好了，我们的程序编写好了。小猴皮皮，你用鼠标碰碰小猫看看。

小猴皮皮：小猫消失了。

作业 HOMEWORK

请大家利用学习到的各种结构，尝试编写一个人行道的红绿灯程序吧，按下按钮就可以改变它的颜色。

第三课

角色与造型

小猴皮皮：猴博士，通过上次学习，我已经学会了程序结构，今天您打算再教我些什么呢？

猴博士：今天咱们一起做个动画吧！

角色其实就是我们要编程控制的对象，就是图片上的那只小猫。

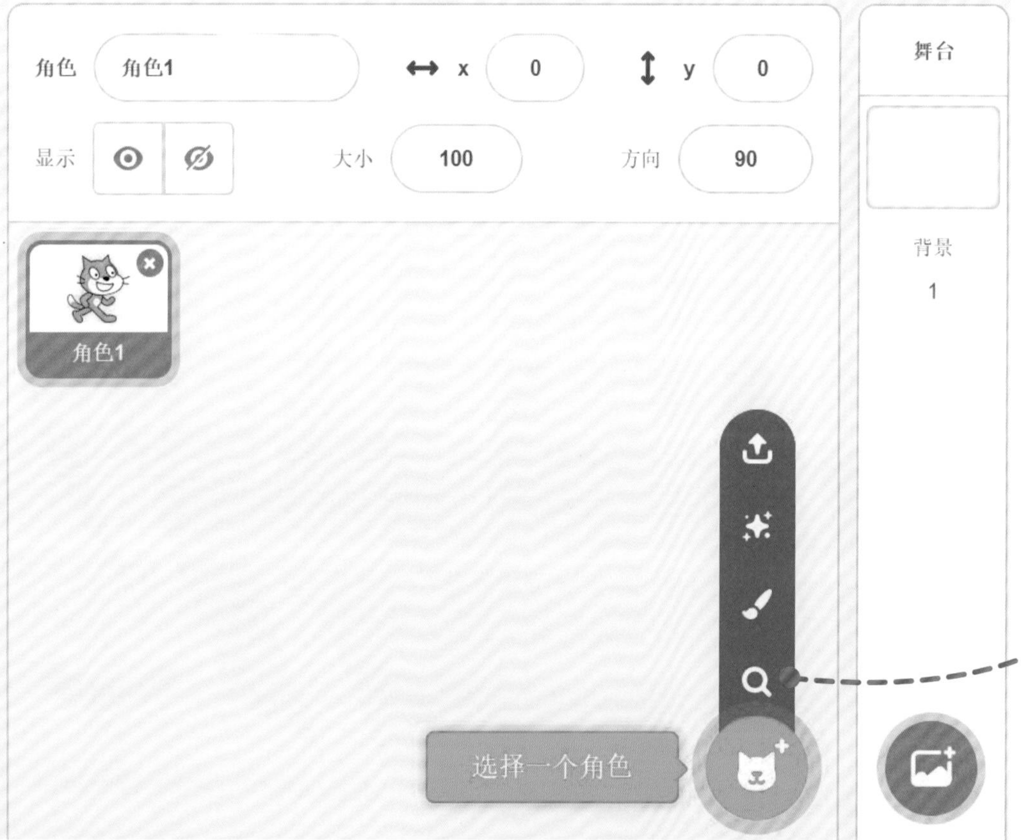

角色 角色1 x 0 y 0

显示 大小 100 方向 90

角色1

舞台

背景

1

选择一个角色

新建角色工具，可以绘制角色、选择角色、随机挑选角色，还可以上传一个已经绘制好的角色

猴博士：我们需要先从“角色库”里选择一个角色。

角色库里有很多的、不同种类的角色，我们可以按照类别来查找。

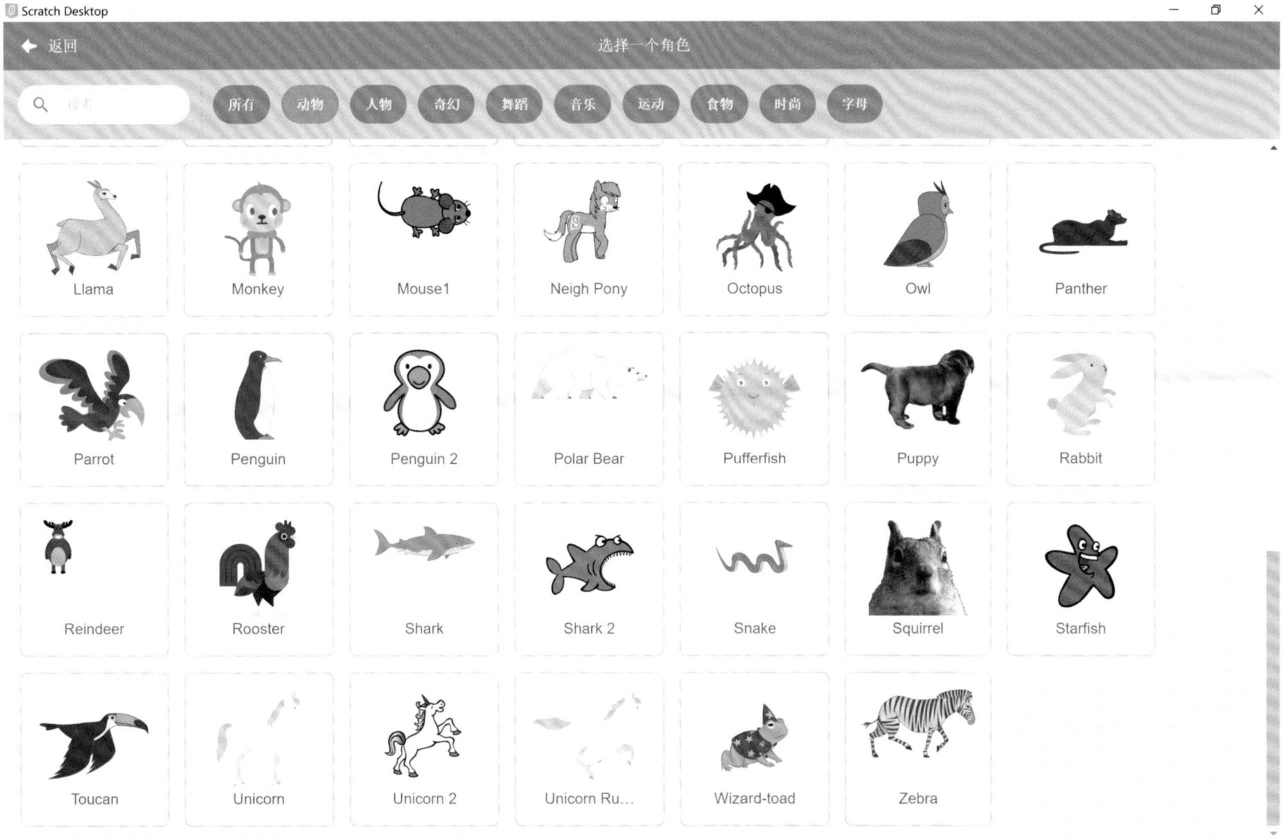

Scratch Desktop

返回 选择一个角色

搜索 所有 动物 人物 奇幻 舞蹈 音乐 运动 食物 时尚 字母

Llama	Monkey	Mouse1	Neigh Pony	Octopus	Owl	Panther
Parrot	Penguin	Penguin 2	Polar Bear	Pufferfish	Puppy	Rabbit
Reindeer	Rooster	Shark	Shark 2	Snake	Squirrel	Starfish
Toucan	Unicorn	Unicorn 2	Unicorn Ru...	Wizard-toad	Zebra	

小猴皮皮：我想让那只小鸟飞起来！

角色增多了，这个时候要注意，想给哪个角色编程，或者想编辑哪个角色就选择哪个角色。选中的角色会被蓝色框标示哦！

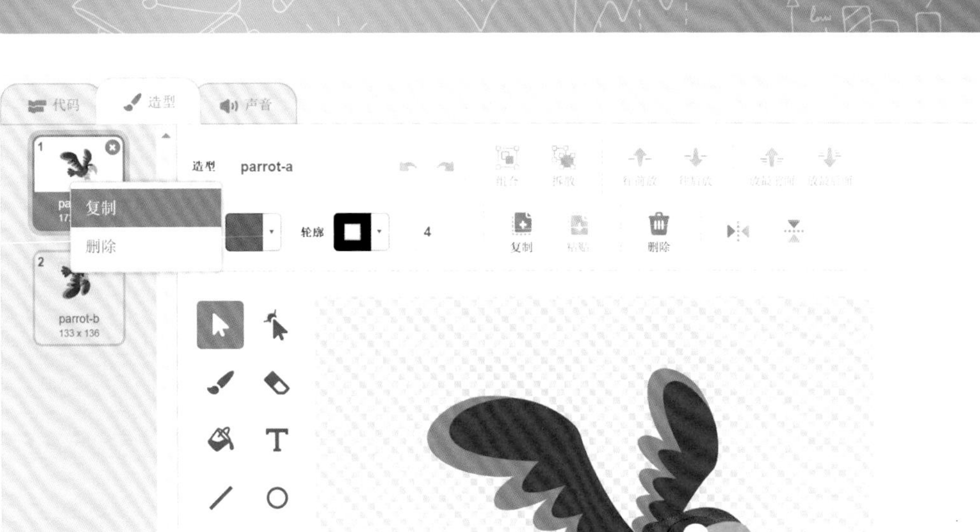

Scratch 3.0 中的角色也包含了不同的造型，如果想增加现有的造型，可以单击“造型”按钮。

Scratch 3.0 中造型是角色的一种属性，一个角色可以有多个造型。这就好像一个人有很多套衣服一样，每换一套衣服就是一个新的造型，但人没有变。

猴博士：好，那我们就复制其中一个造型并试着编辑一下吧。

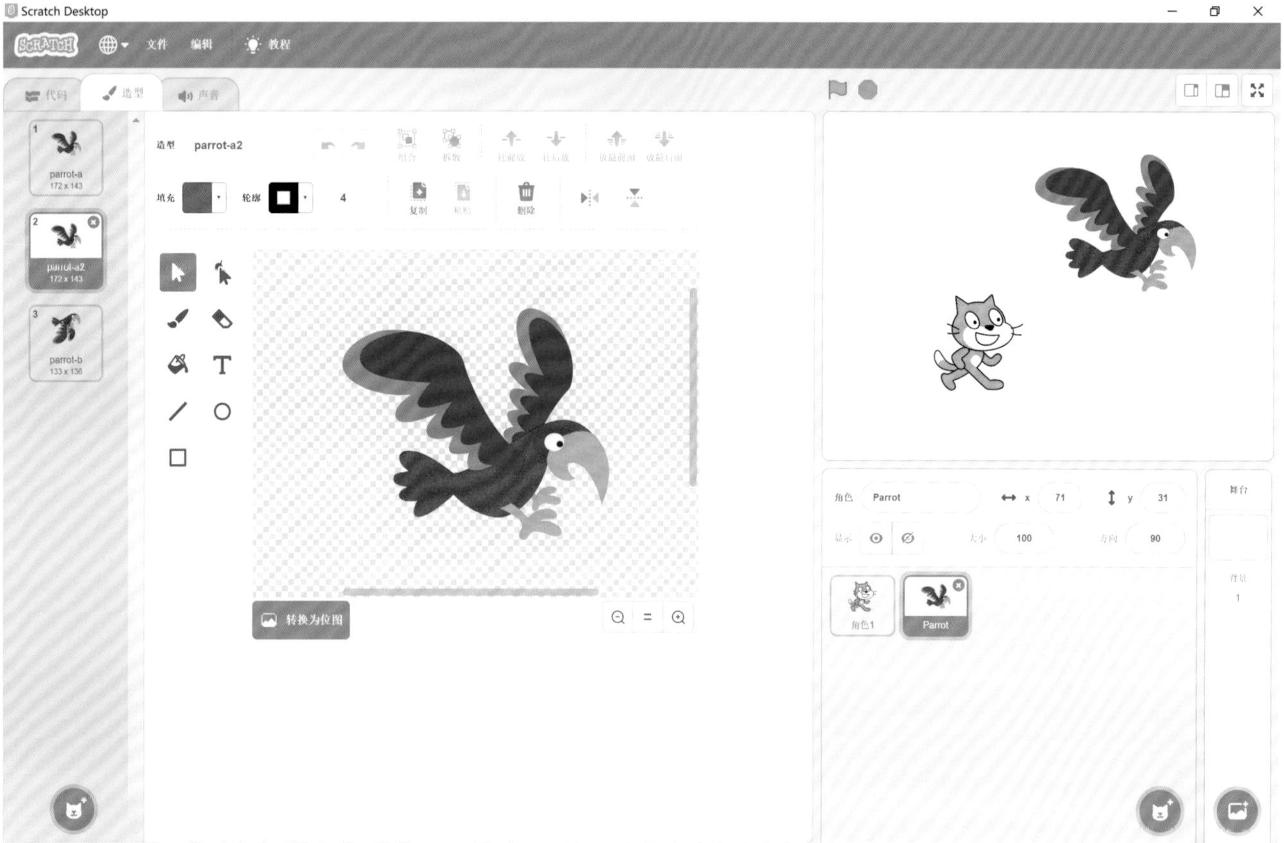

猴博士：小猴皮皮，要注意角色和造型的区别啊！

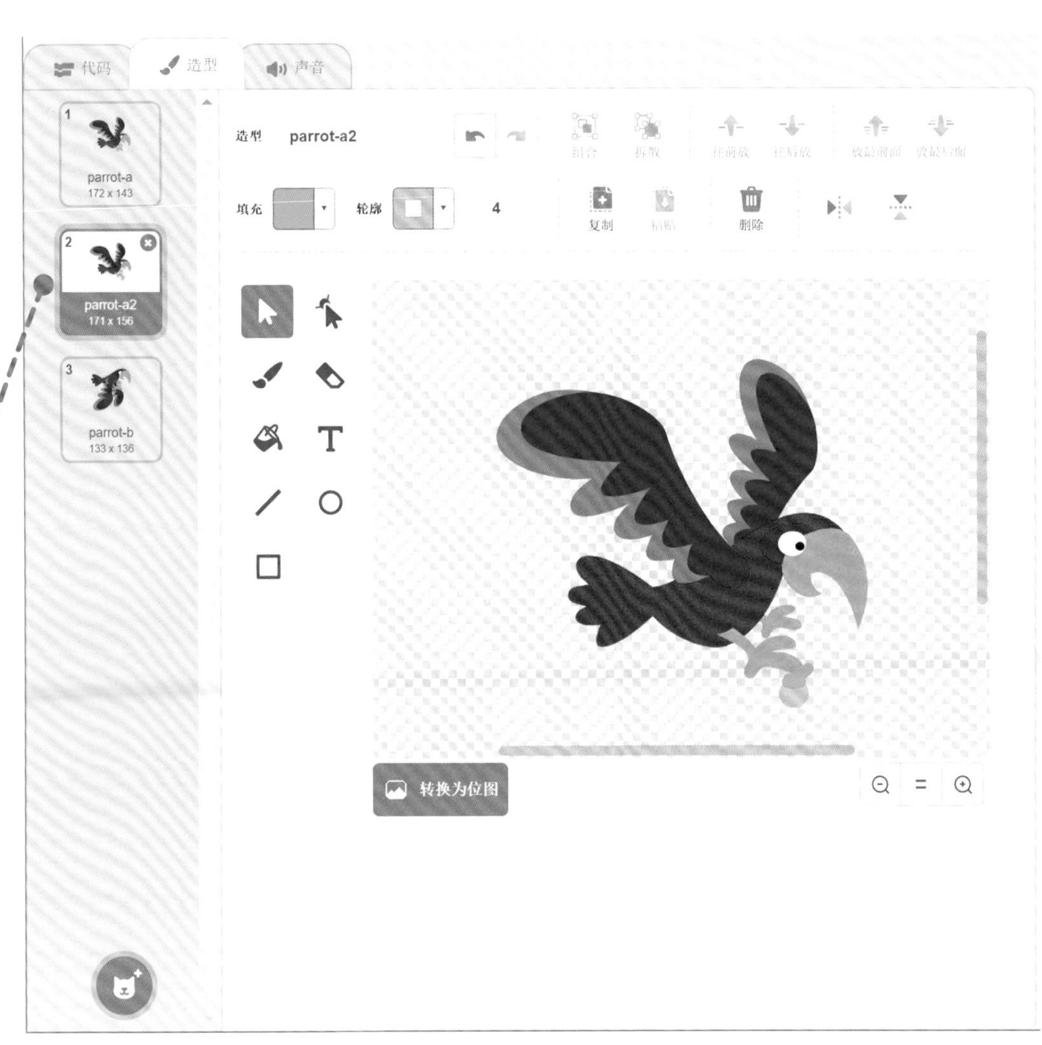

造型下方会标出造型的名称

猴博士：首先编辑造型，给小鸟脚印画一个桔子。

小猴皮皮：猴博士，改变造型我已经会了，您快告诉我怎么让小鸟飞起来吧！

猴博士：好好好，小猴皮皮，你要注意看这些造型的名字哦！如果我们让这些造型交替切换……

小猴皮皮：哦，我懂了，猴博士，快让我试试吧！

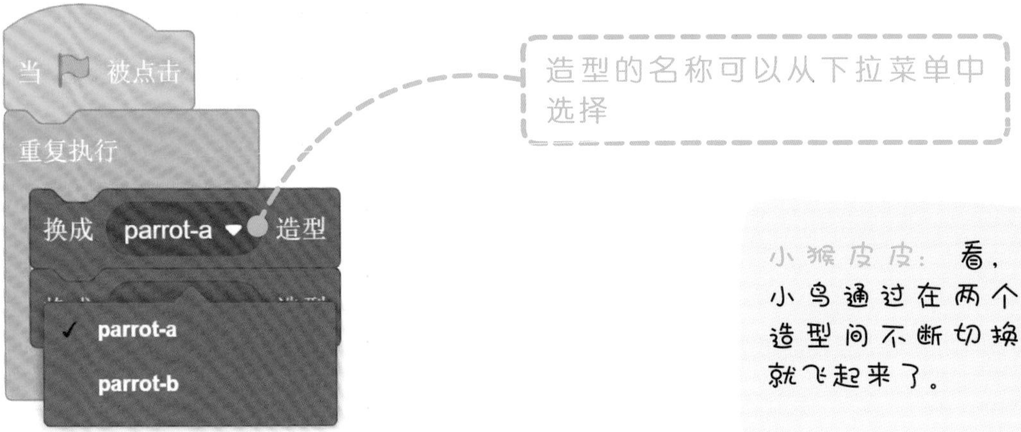

造型的名称可以从下拉菜单中选择

小猴皮皮：看，小鸟通过在两个造型间不断切换就飞起来了。

小猴皮皮：咦？怎么小鸟只动了一下啊？

猴博士：哈哈，你的想法是对的，但是程序运行很快，我们需要让程序“等一等”，我来帮你修改一下。

等待命令在造型变化时很关键，因为程序运行速度很快，如果不等待，频繁地变化造型，我们的眼睛是看不清楚的，所以就需要在切换造型后等待一定的时间。

修改等待的秒数就可以改变小鸟扇动翅膀的快慢

小猴皮皮：现在好了，小鸟能飞了！原来等待命令这么重要啊！

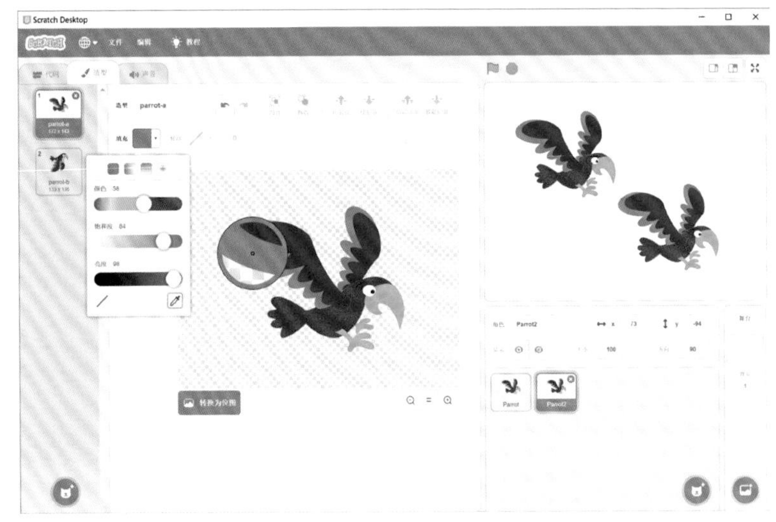

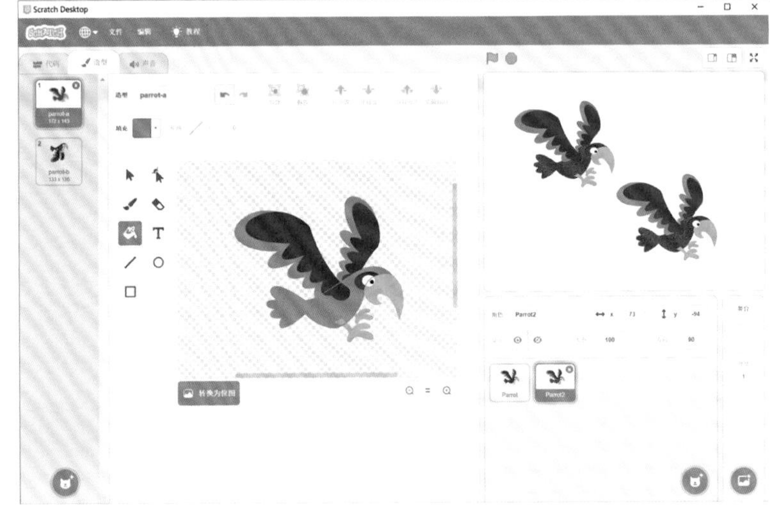

猴博士：小猴皮皮，你看一只小鸟多孤单啊，我们给它找几个朋友吧。

猴博士：我们还可以从角色库中选择其他角色，然后再编辑……

小猴皮皮：猴博士，让我来吧！

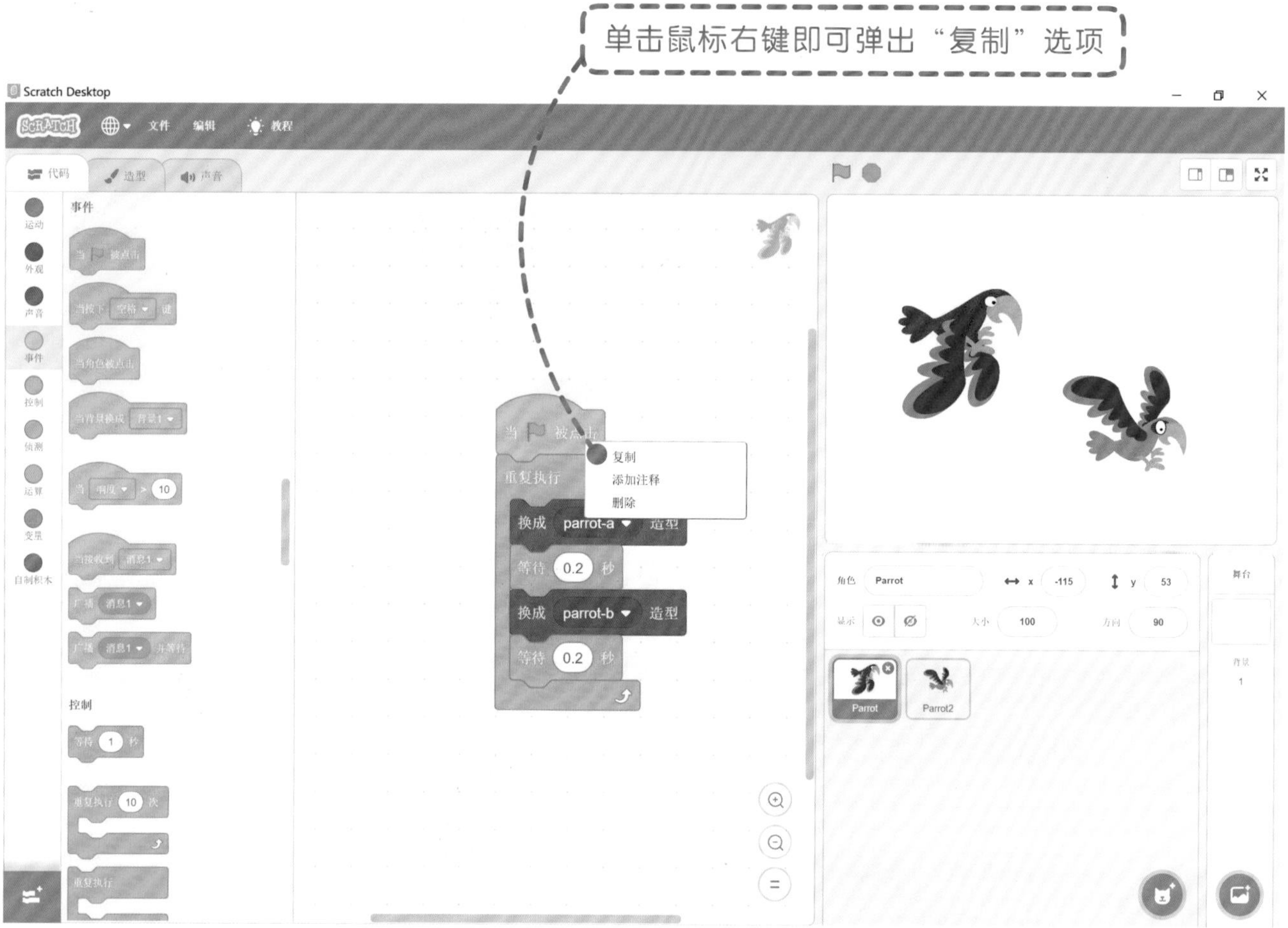

单击鼠标右键即可弹出“复制”选项

复制程序时，从用鼠标选中的那条命令开始到该程序的最后一条命令，都将被复制。

猴博士：相似的程序我们可以从已经编写好的程序中复制。

程序要复制给谁，就往谁上面拖拽，然后单击鼠标右键

小猴皮皮：我来看看是不是真复制过去了。

猴博士：你看程序已经在蓝色小鸟中了。注意要及时修改造型名称哦。

复制过去的程序和原本的程序是一模一样的。如果造型名称、变量、侦测条件等不同，要及时修改，否则要出错的。

猴博士：现在我们运行程序，你看两只小鸟一起飞了。背景空空的，不好看！小猴皮皮，你能不能给它们添加一个背景啊！

除了在背景选项卡中导入背景外，我们还可以用角色列表区中舞台下面的工具栏添加背景

小猴皮皮：没问题，包在我身上！看，完成了！

作业 HOMEWORK

请大家用学到的角色和造型的知识，自己设计一个宠物鹦鹉吧！

第四课

运动之平移

猴博士：小猴皮皮，在干什么呢？

小猴皮皮：猴博士，我在尝试新的 Scratch 3.0 命令呢！

猴博士：哦，原来是想让小车跑起来啊！

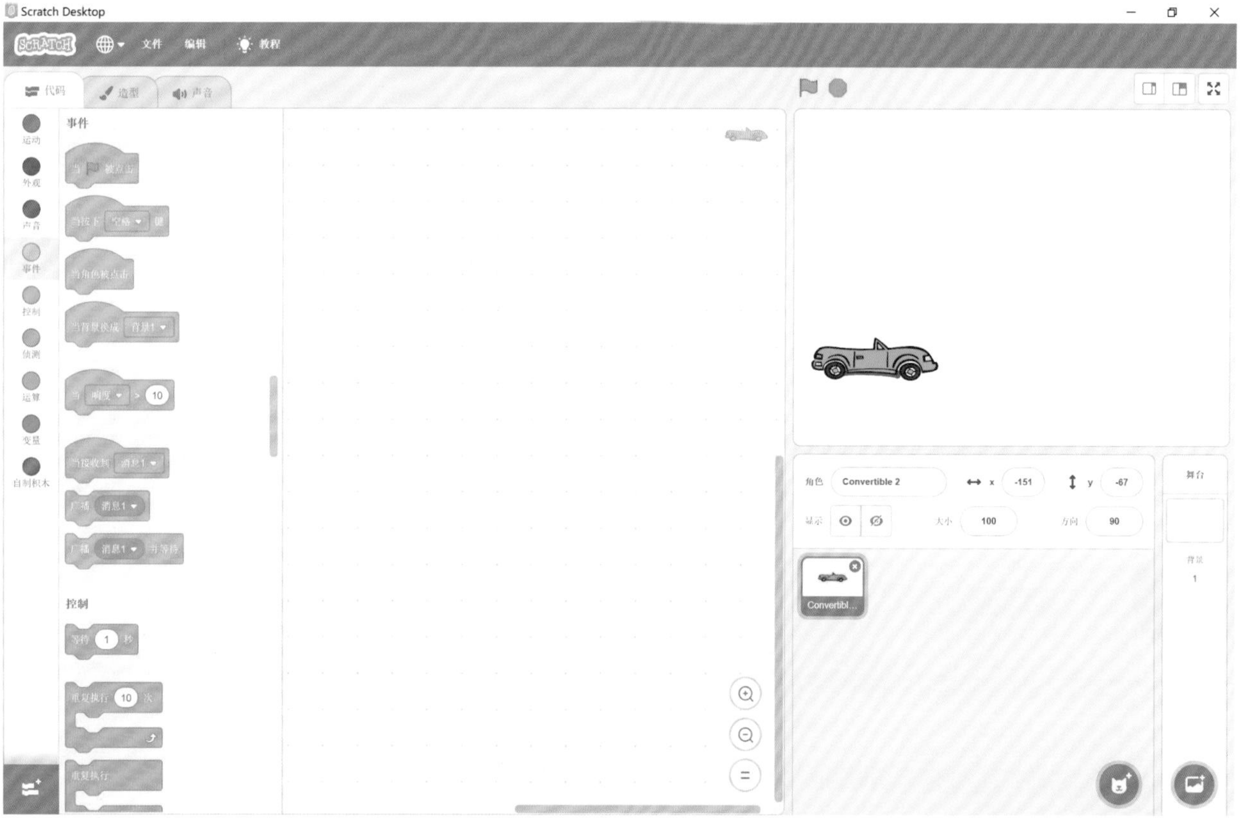

猴博士：这就要用到运动命令了。

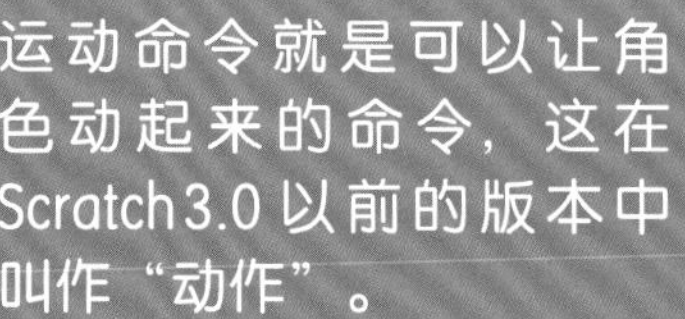

小猴皮皮：我先试试移动10步。

小猴皮皮：怎么只能向右移动？我们怎么才能改变小车的运动方向呢？

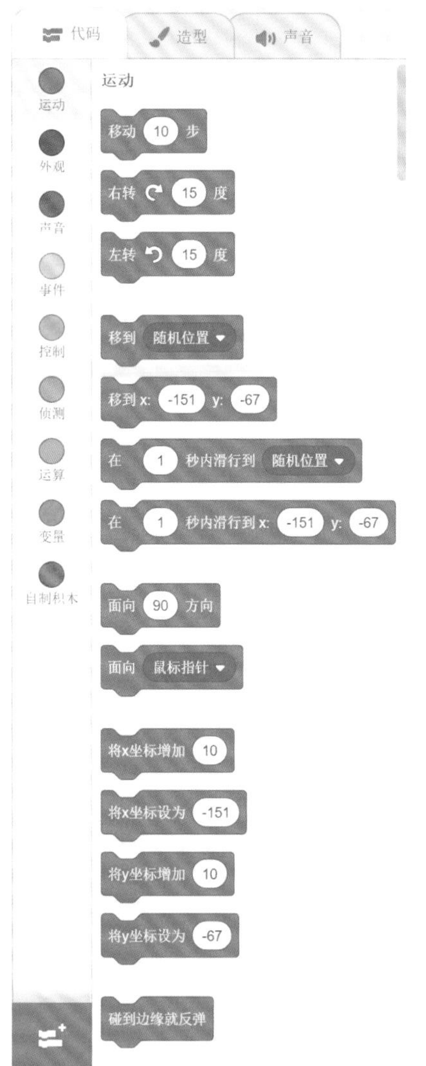

猴博士：你试一试“面向 90 方向”那条命令，改变一下参数。

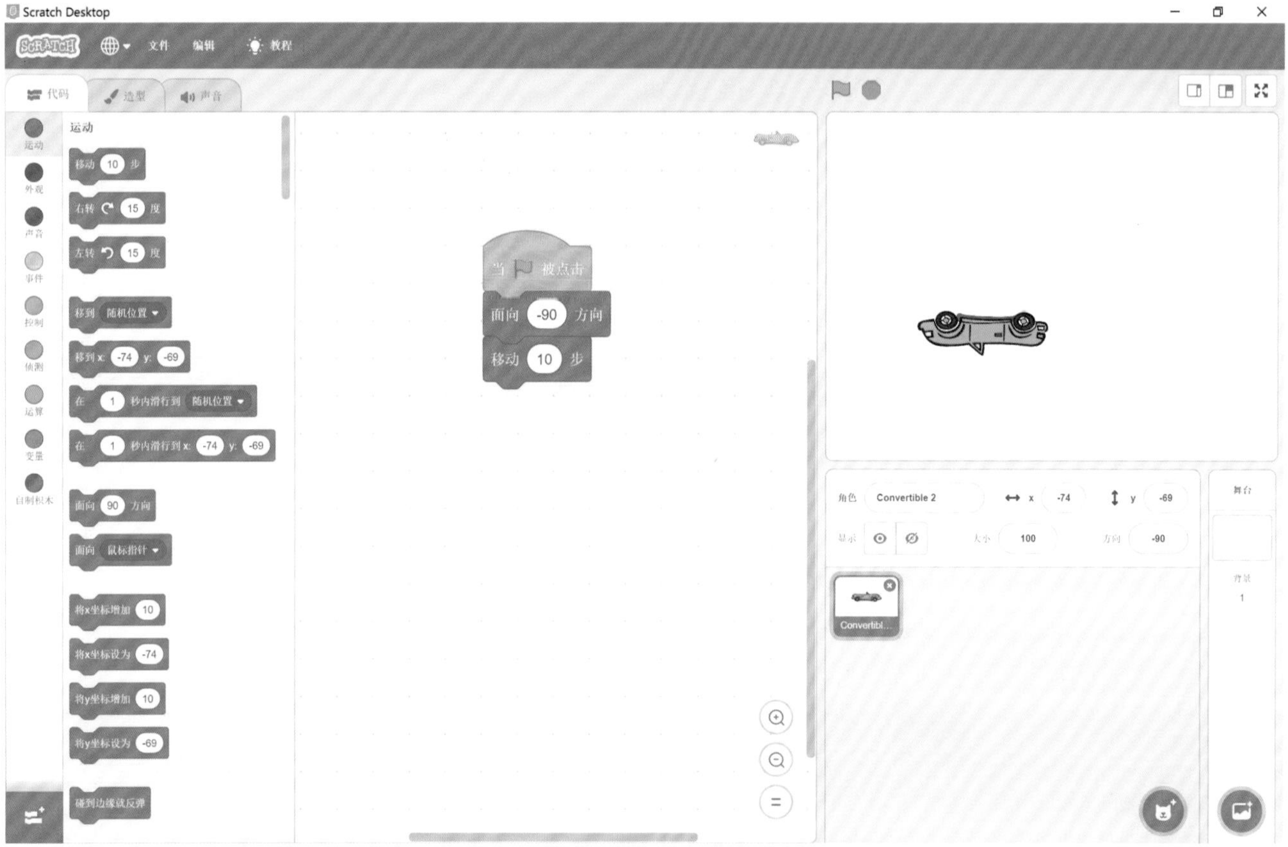

在 Scratch 3.0 中，小车在改变方向的时候，旋转的模式默认是“任意”的，所以才会出现小车上下颠倒的情况。

小猴皮皮：猴博士，小车方向是变了，可怎么上下颠倒了？

猴博士：你可以试试旋转方式设定。

将旋转方式设为 左右翻转 ▾

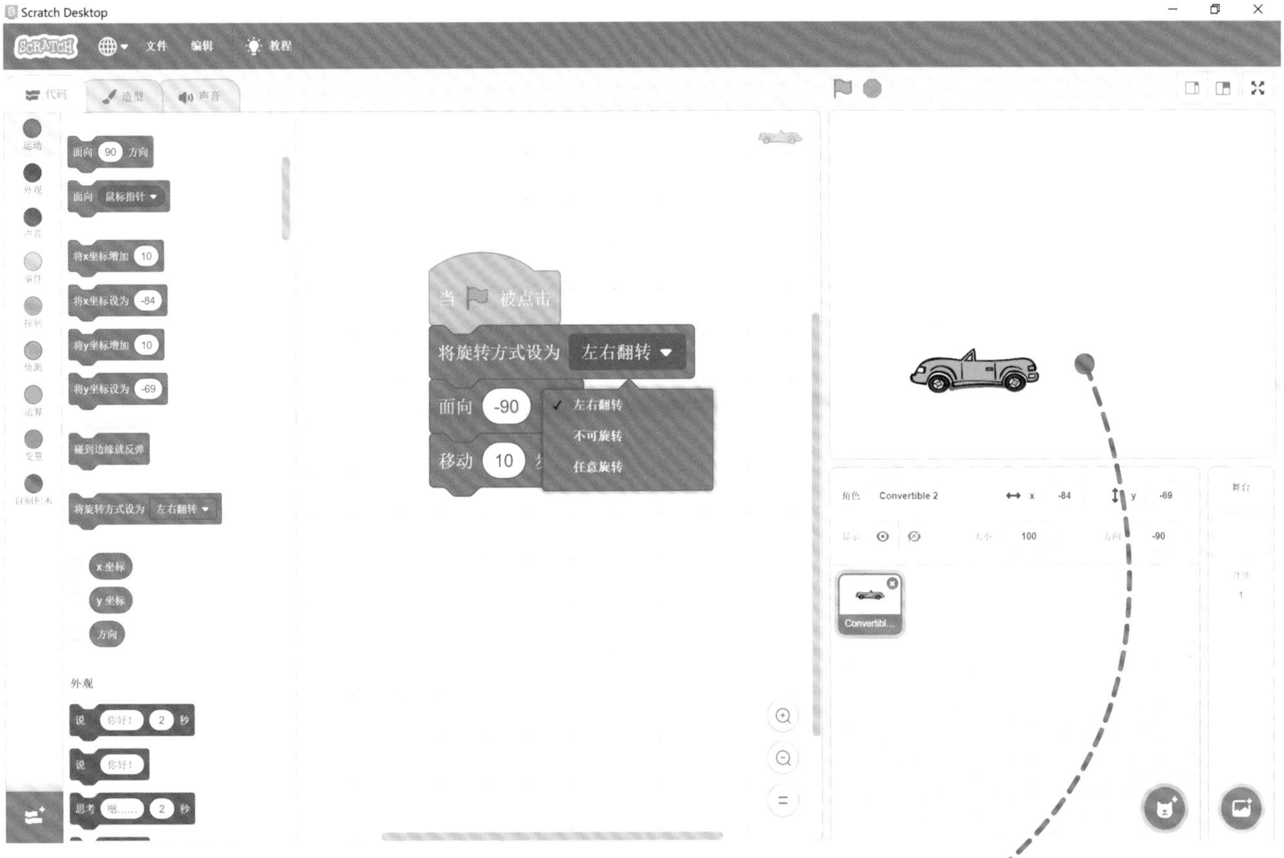

选择左右翻转，小车就不会上下颠倒了

猴博士：小猴皮皮，你再试试将旋转方式设定为“不可旋转”，你会发现小车还能倒着开。

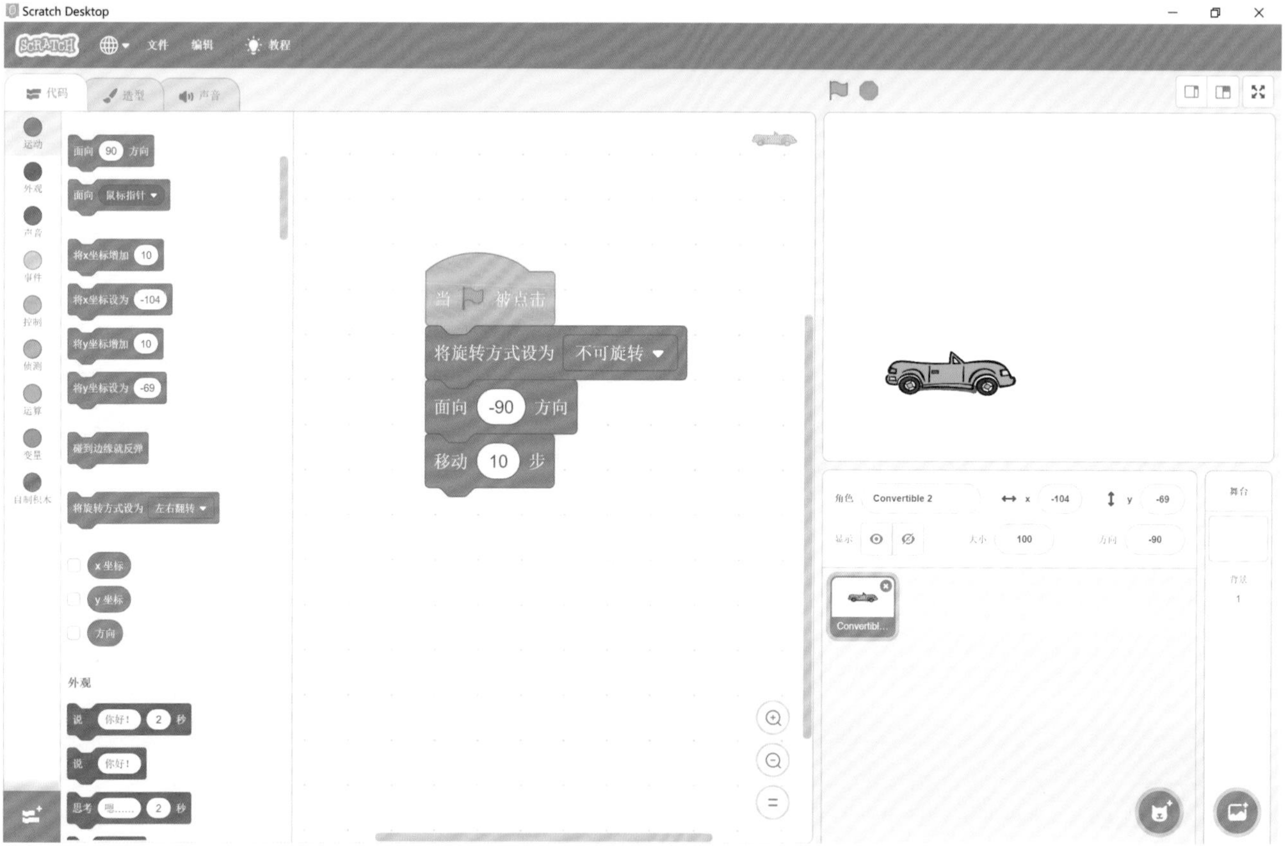

小猴皮皮：真的！猴博士，我发现还可以改变运动的方向，这样小车就能向上或者向下运动了。

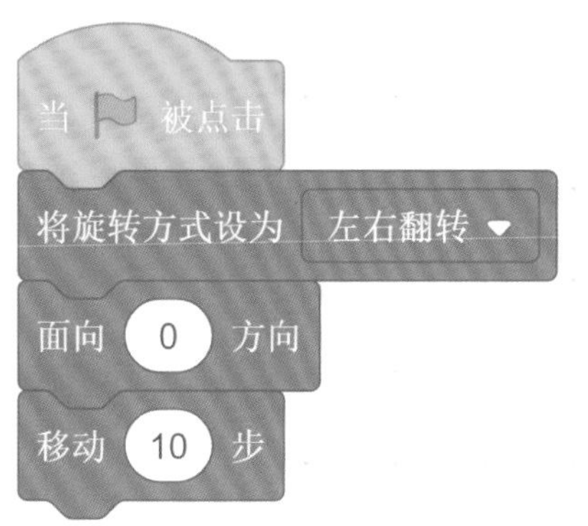

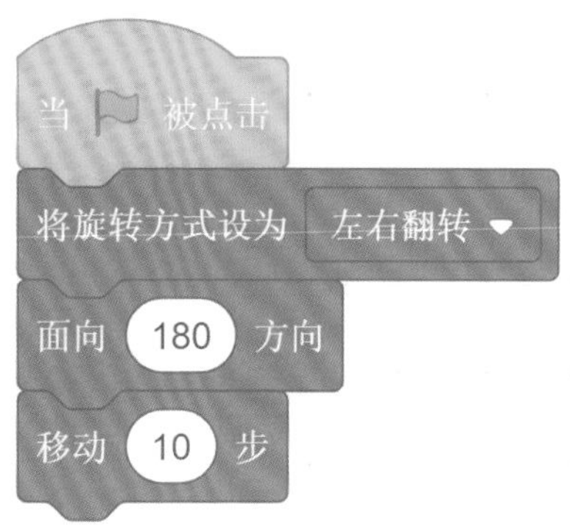

在Scratch 3.0中角色默认的方向是（90）向右，我们可以根据需要设定运动的方向。

猴博士：小车的程序做好了，我来教你做一个流星的程序吧。

小猴皮皮：太棒了，猴博士！

猴博士：首先，我们来添加一个星空的背景。

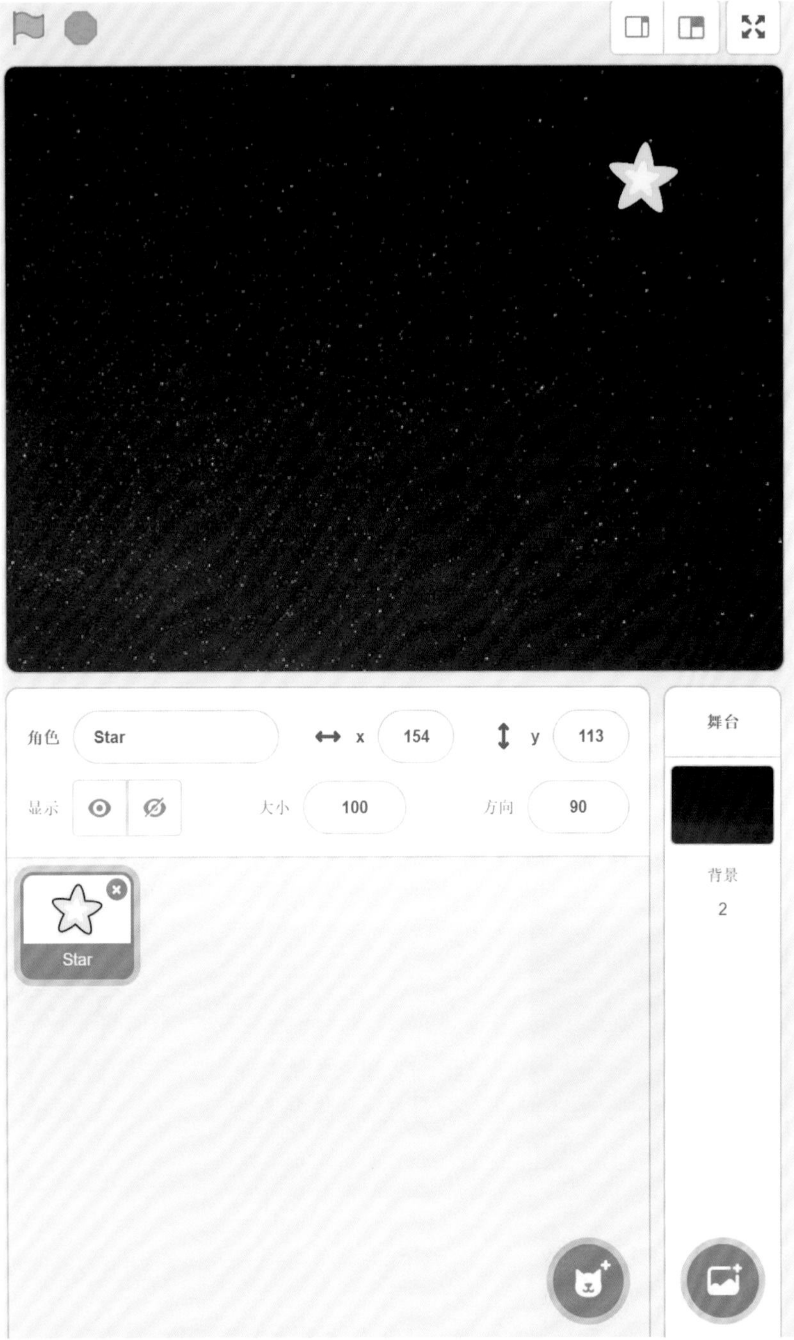

角色 Star ↔ x 154 ↕ y 113
显示 大小 100 方向 90
Star
舞台
背景
2

猴博士：然后，我们再导入一颗星星。

猴博士：现在我们要使用新的命令……

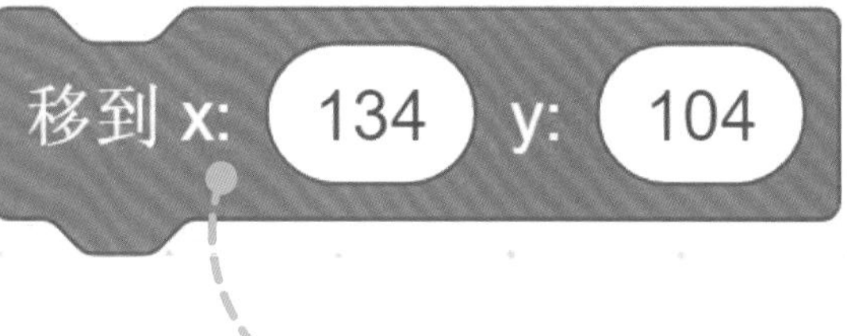

移到命令能让角色瞬间移动到某个指定的位置。而后面的（x：y：）就是那个位置的坐标

在屏幕的每一个点都有一个确切的（x：y：）值，也就是坐标（具体概念以后再讲）。如果想知道指定位置的坐标值，只需要把角色拖到目标位置，就能从列表区中的状态栏里看到当前角色的坐标。另外，从“移到 x：y：”命令中也能读出来当前角色的坐标。

读角色坐标还可以查看“在 xx 秒内移动到 xx”命令，或者勾选运动命令标签中的“x 坐标”和“y 坐标”选项，从展示区中查看。

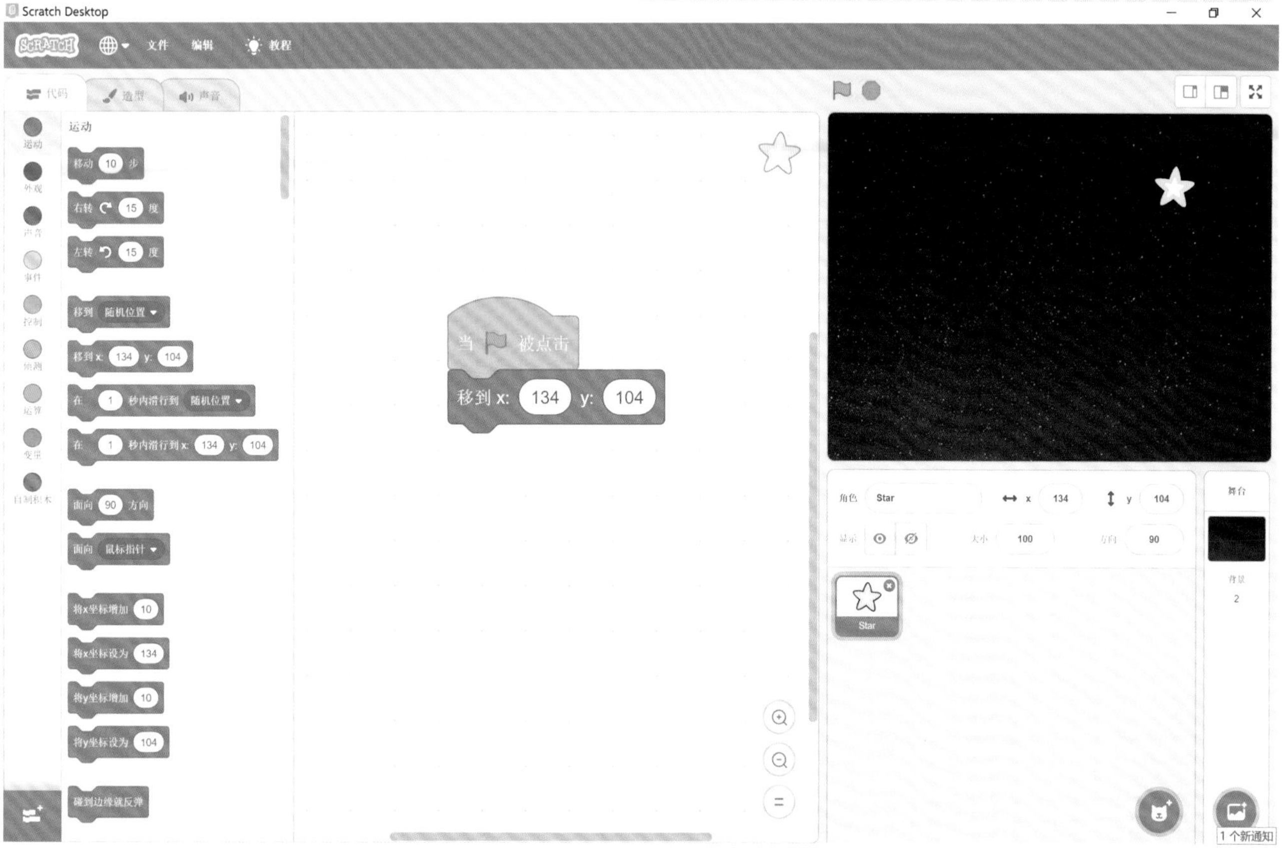

在 1 秒内滑行到 x: -162 y: 74

猴博士：我们现在再试试“在 1 秒内滑行到 x: -162 y: 74”命令。

Scratch Desktop

当 🏳 被点击
重复执行
移到 x: 134 y: 104
在 1 秒内滑行到 x: -162 y: 74

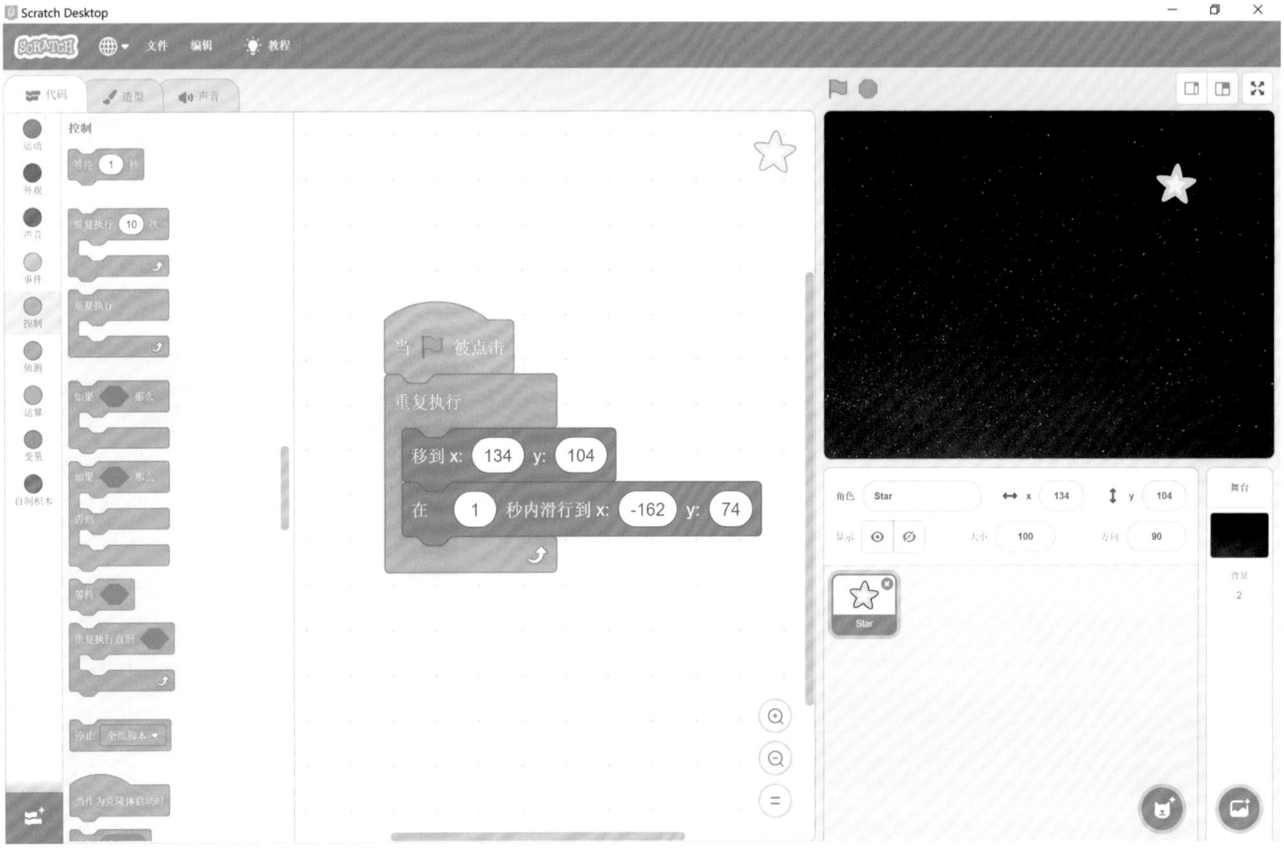

猴博士：看，流星！

“在 1 秒内滑行到 x: -162 y: 74”命令运行后角色是匀速运动的，调整秒数可以改变速度。

小猴皮皮：不过，看起来和生活中的流星不太一样……
我知道了，流星的“小尾巴”不见了！

猴博士：你观察真仔细，那我们就完善一下程序吧。

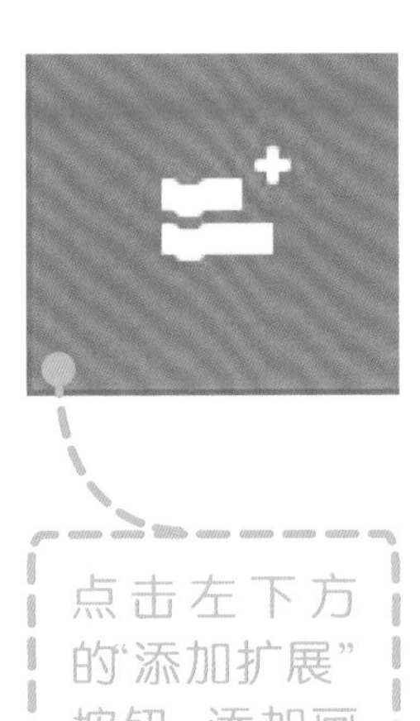

Scratch Desktop
返回
选择一个扩展
音乐
演奏乐器，敲锣打鼓。
画笔
绘制角色。
视频侦测
使用摄像头侦测运动。
文字朗读
让你的项目开口说话
Amazon Web Services
翻译
把文字翻译成多种语言。
Google
Makey Makey
把任何东西变成按键
JoyLabz

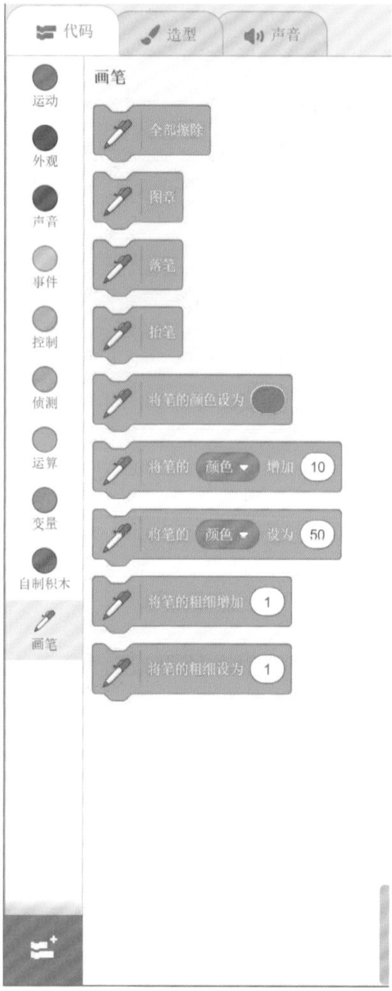

代码 造型 声音

画笔

运动 外观 声音 事件 控制 侦测 运算 变量 自制积木 画笔

全部擦除
图章
落笔
抬笔
将笔的颜色设为
将笔的 颜色 增加 10
将笔的 颜色 设为 50
将笔的粗细增加 1
将笔的粗细设为 1

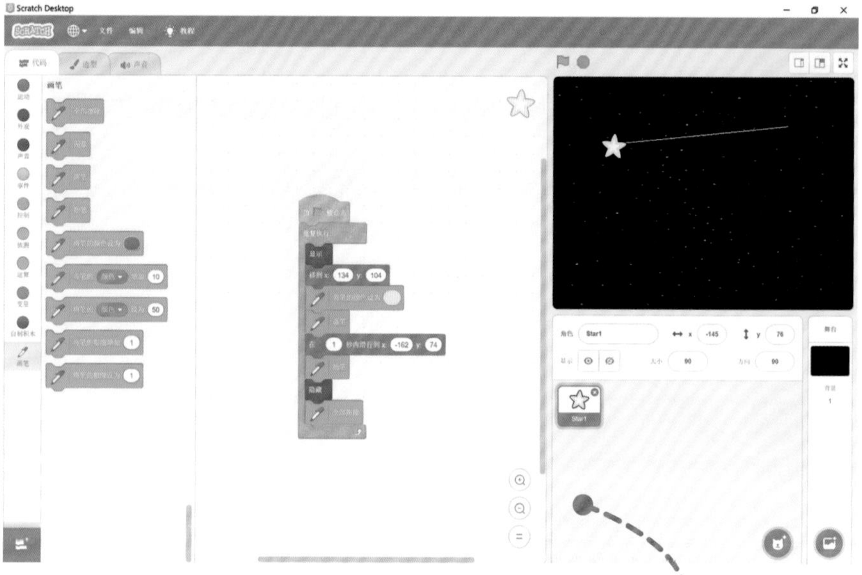

我们利用画笔的相关命令，把流星的轨迹画出来

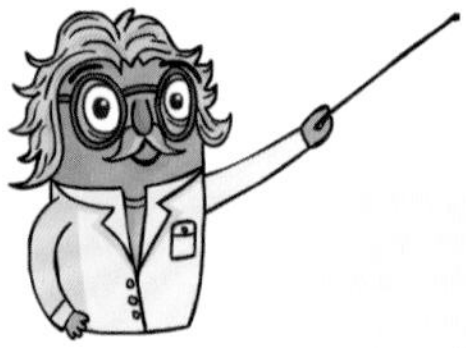

猴博士：小猴皮皮，今天学了“移动”命令，但小车还是不能来回走，你知道是什么原因吗？

小猴皮皮：是不是少了判断命令？要是加上判断命令的话好像程序很复杂啊！

猴博士：判断命令确实可以解决这个问题，不过我们还有更好的方法。我们来做一个弹球的程序，看看能不能帮助你解决这个问题。

猴博士：首先我们添加一个新的背景。

猴博士：然后添加一个弹球的角色。

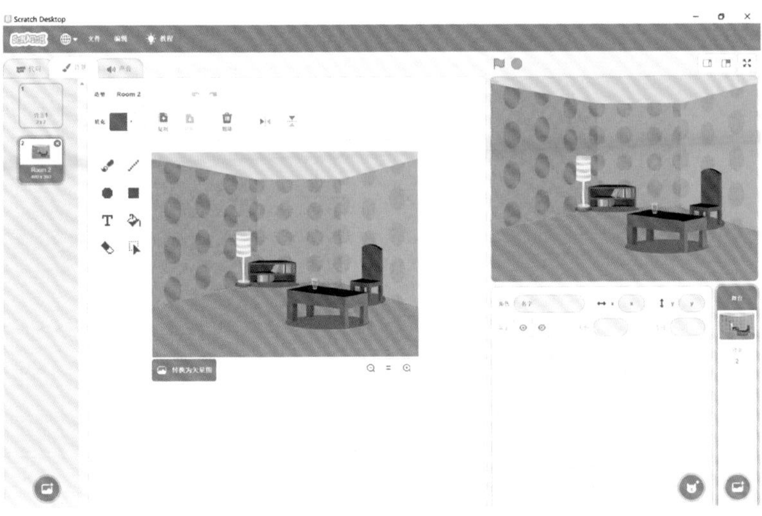

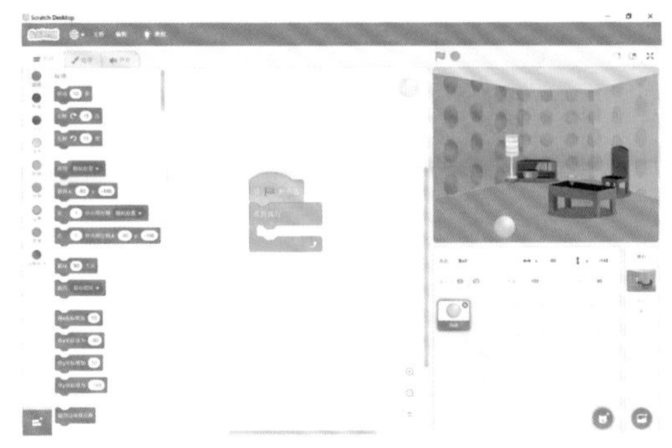

猴博士：下面我们来使用“碰到边缘就反弹”的命令。

“碰到边缘就反弹”命令是以展示区的四周为界限，当角色碰到这四个边缘时，就会反向。这时再配上移动命令，角色就反弹回去了。

碰到边缘就反弹

小猴皮皮：哦，原来这么简单啊！

作业 HOMEWORK

请大家用学到的命令做一个“繁忙的交通”动画程序，模拟街道上车来车往的样子。

第五课
运动之旋转

小鸟云云：小猴皮皮，现在几点了？我的闹钟被大猩猩黑客藏起来了。

小猴皮皮：现在是……不要紧，我们可以用Scratch 3.0做一个藏不住的闹钟。

首先我们使用“直线”和“圆”工具画好指针

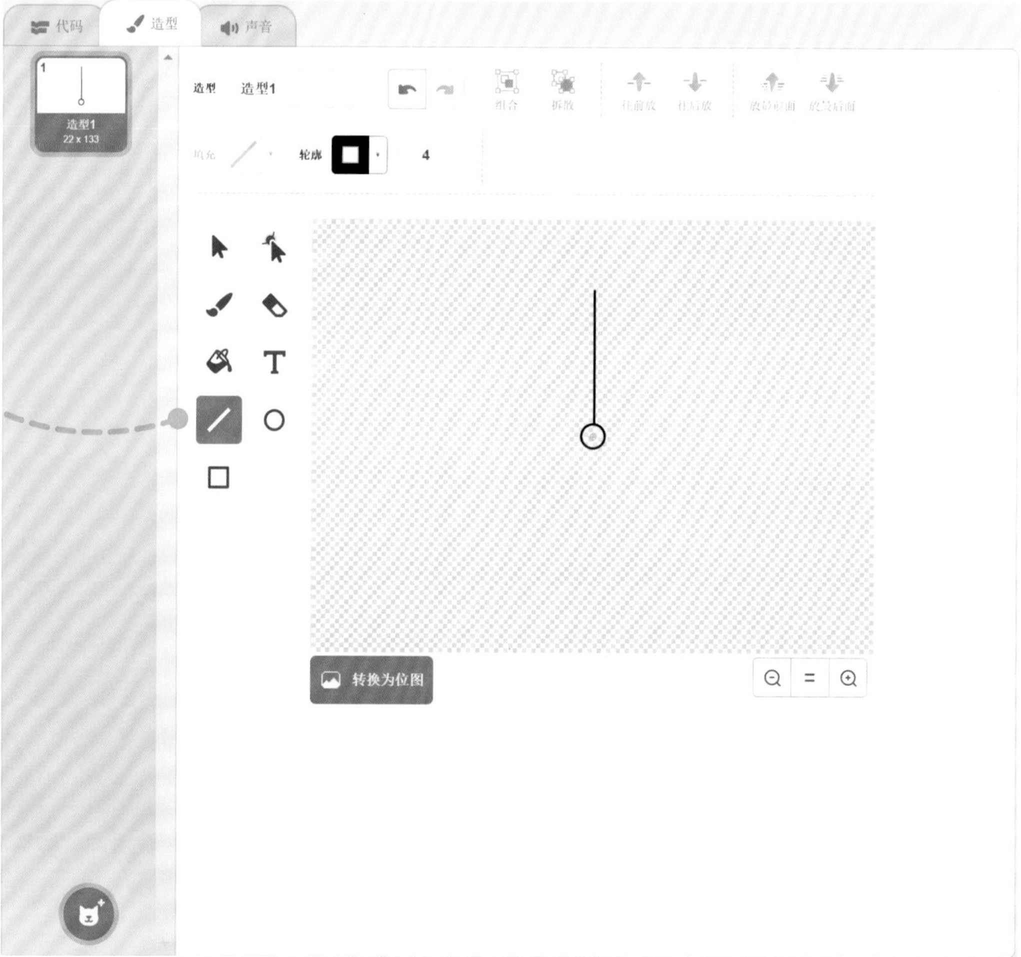

代码 造型 声音

造型1
22 x 133

造型 造型1

组合 拆散 往前放 往后放 放最前面 放最后面

填充 轮廓 4

转换为位图

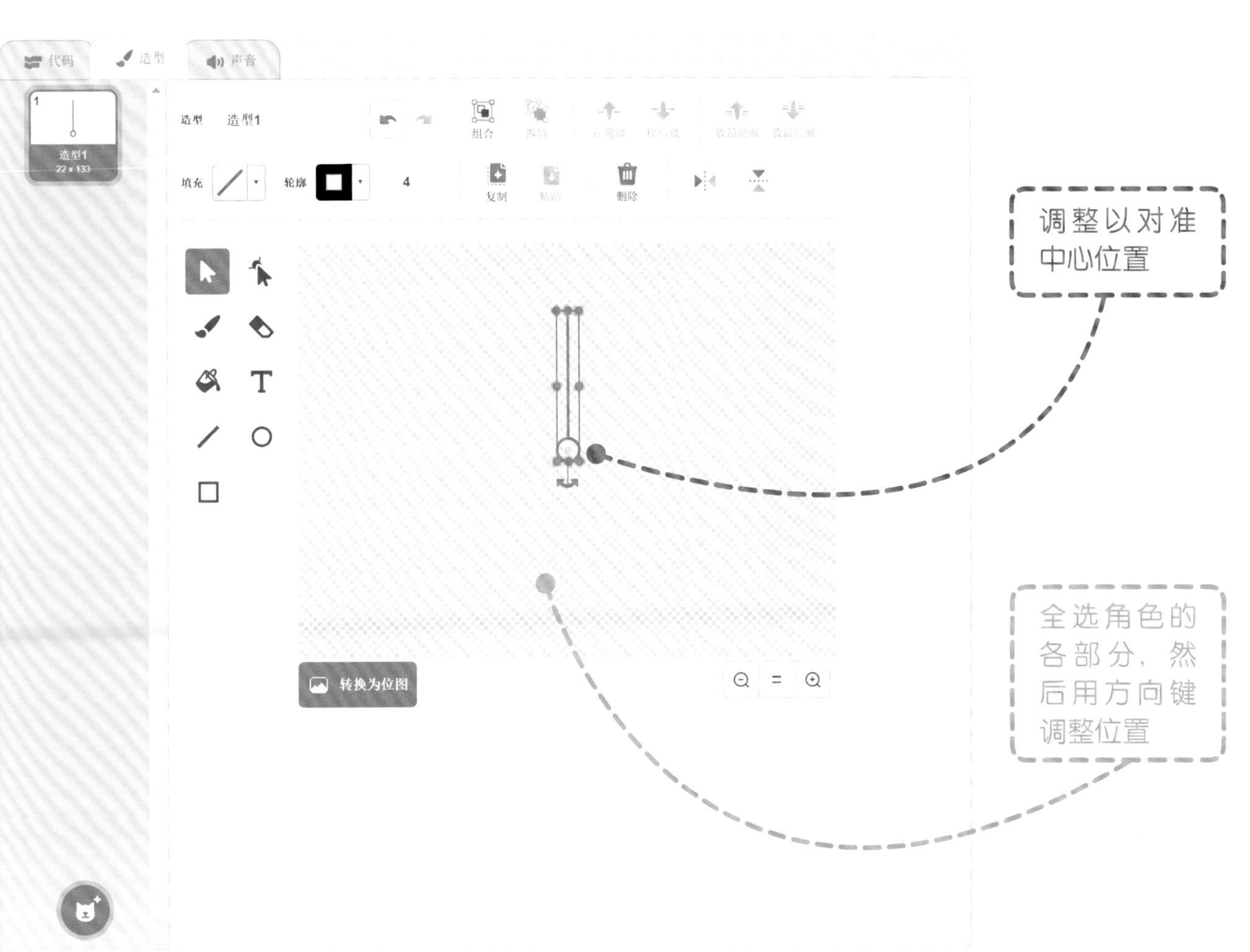

小知识：在 Scratch 3.0 中每个造型都有一个中心，我们在使用旋转命令时，计算机会以造型的中心为原点进行旋转的，所以我们在画时钟指针时要设置时钟的中心。否则我们会看到指针两头都在指示时间，就不准啦！

小猴皮皮：现在我们先来编写程序！

小知识：钟表的一圈是 360 度，秒针 60 秒转完，因此每秒应该旋转 6 度。分针、时针也可以以此类推。

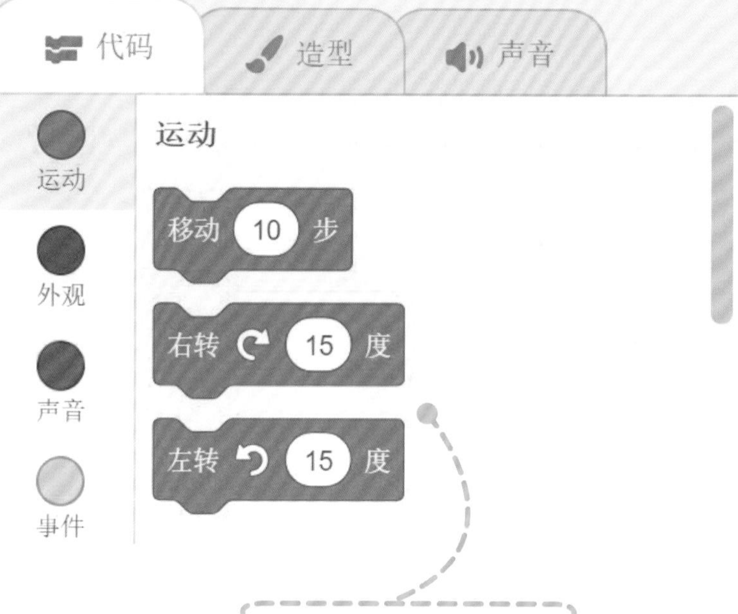

右转就是顺时针方向，而左转是逆时针方向，角度可以自己调整

这是我们秒针的参考程序，从“事件”和“控制”模块中选择启动程序的方式和基本结构。然后每旋转 6 度，等待 1 秒

小猴皮皮：我们继续完善时钟程序。

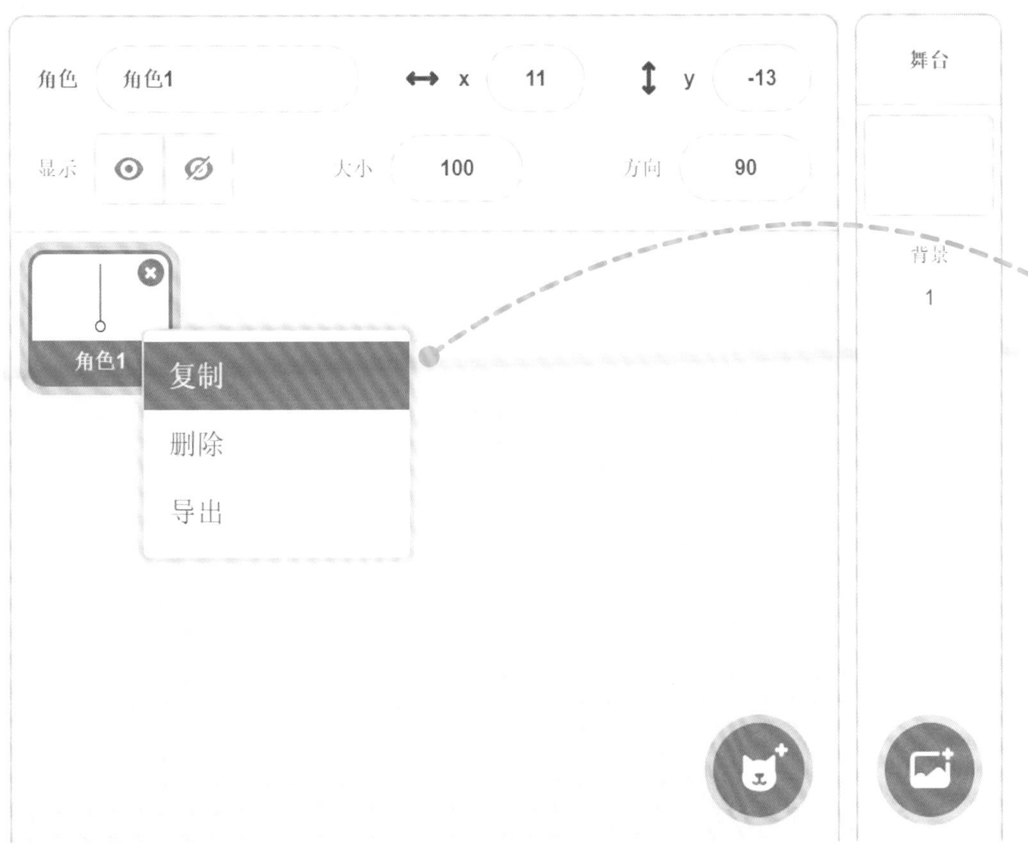

我们“偷懒”一下，在“角色1”上单击鼠标右键选择复制，就可以再复制出一个角色，然后我们再对角色稍加修改就做出分针了

注意：复制角色会把造型和程序一起都复制。如果角色造型和程序都比较相似，复制角色会提高我们编程的效率。但也要注意需要对新角色的程序进行适当调整。

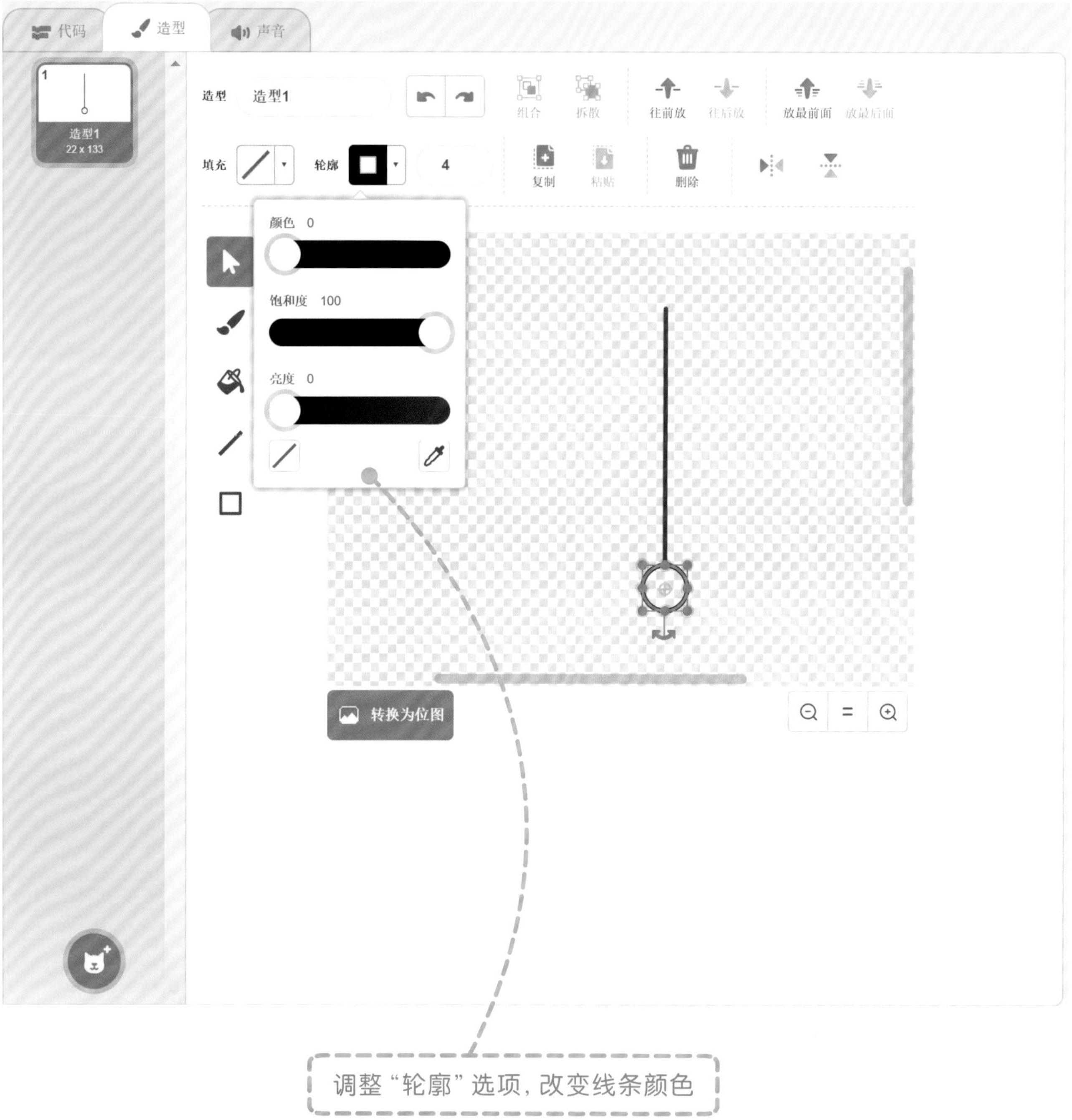

代码 造型 声音

造型 造型1

组合 拆散 往前放 往后放 放最前面 放最后面

填充 轮廓 4

复制 粘贴 删除

颜色 0

饱和度 100

亮度 0

造型1 22 x 133

转换为位图

调整“轮廓”选项，改变线条颜色

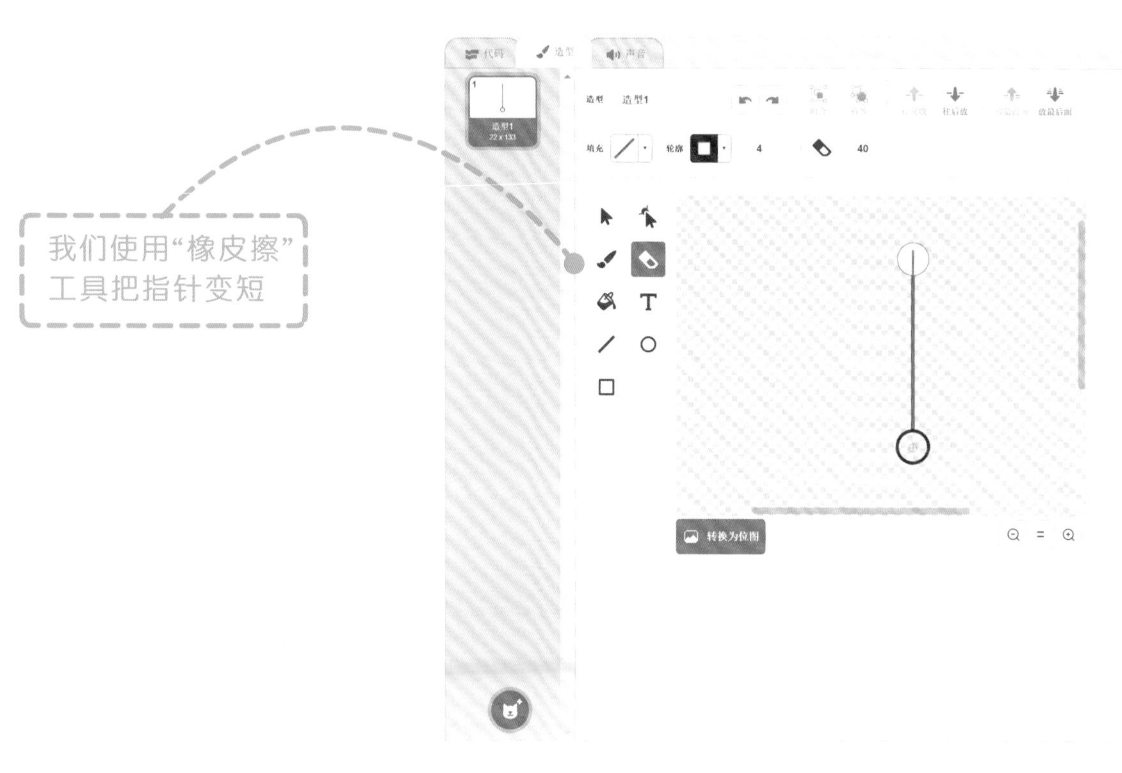
我们使用“橡皮擦”工具把指针变短
转换为位图

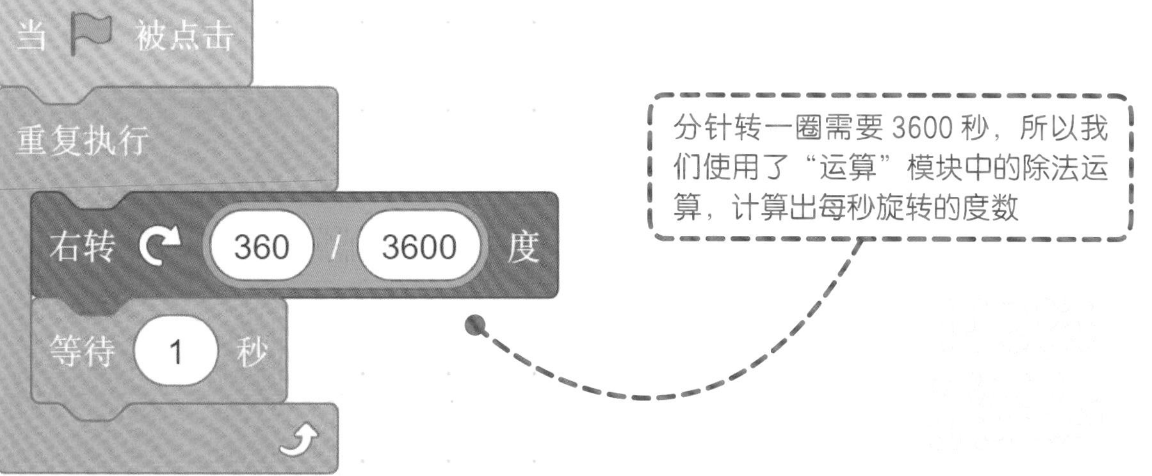
当 被点击
重复执行
右转 360 / 3600 度
等待 1 秒
分针转一圈需要 3600 秒，所以我们使用了“运算”模块中的除法运算，计算出每秒旋转的度数

小猴皮皮：让我们模仿制作分针的方式，把时针也制作出来吧！

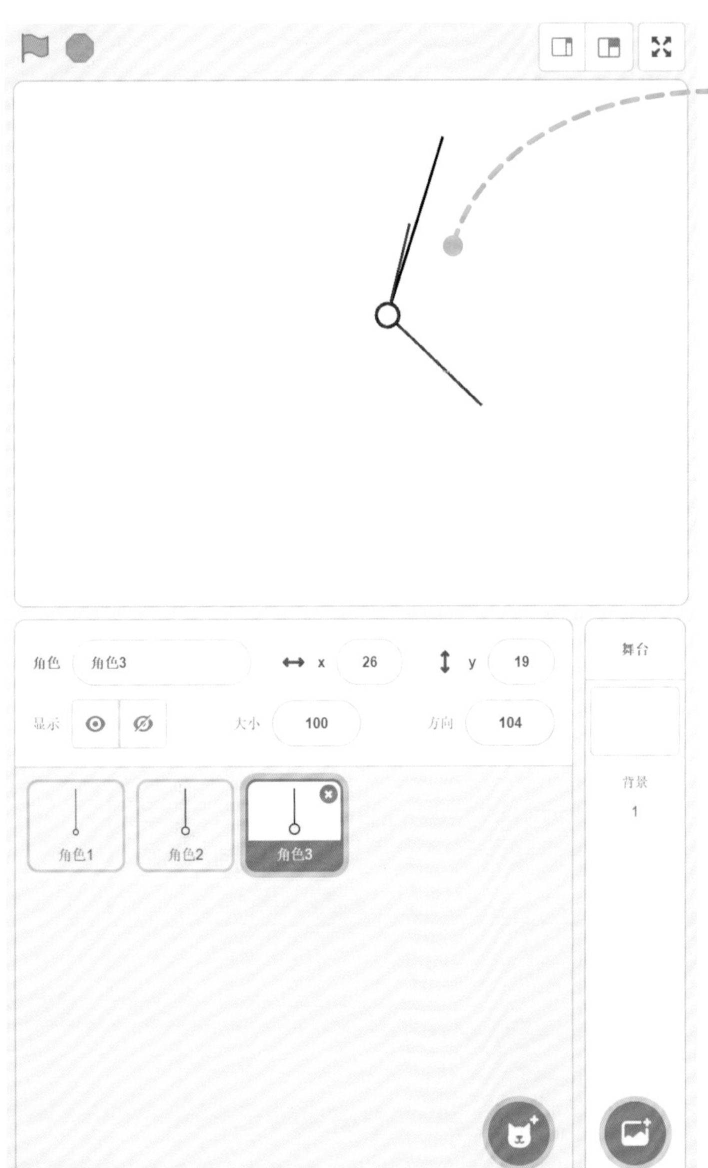

我们复制了“分针”，然后截短，染成蓝色

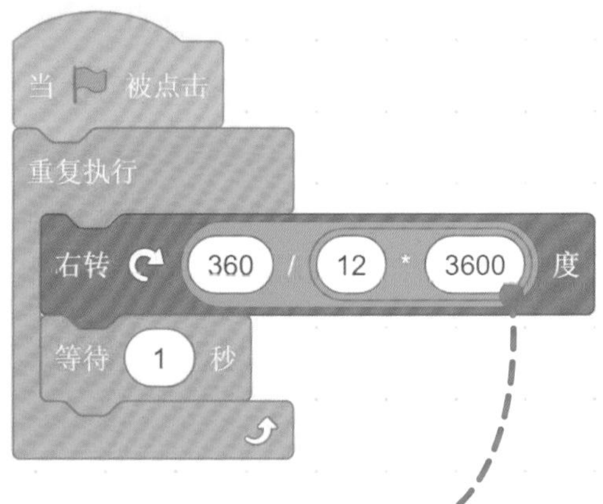

时针要 12 小时才旋转一圈，每小时又有 3600 秒，所以我们选择了乘法运算计算出一天的总秒数，然后计算出时针每秒应该旋转多少度

小知识：Scratch 3.0 中的程序模块是可以嵌入的，但要注意嵌入的顺序。每一个运算命令都相当于是加了小括号的两个数的运算。如程序中时针的旋转角度运算，将乘法模块嵌入到了除法的除数位置，其实相当于 360 ÷（12 × 3600）。

小猴皮皮：好了，最后我们来添加表盘，这样时钟就做好了。

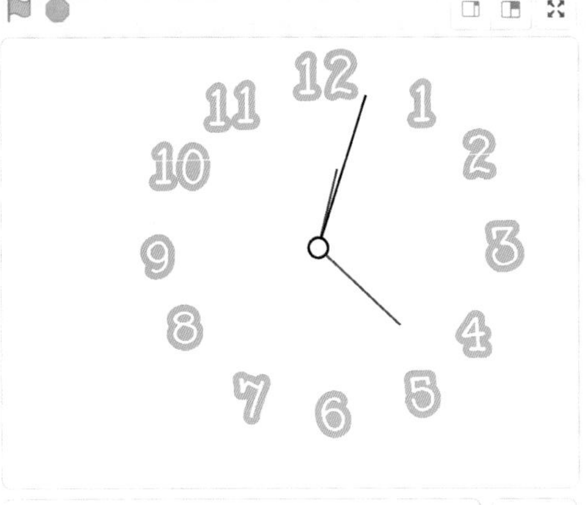

我们采用的是添加角色的方式来画出表盘，当然也可以直接在背景上画出表盘。另外 10、11、12 三个刻度是用两个角色拼接而成的

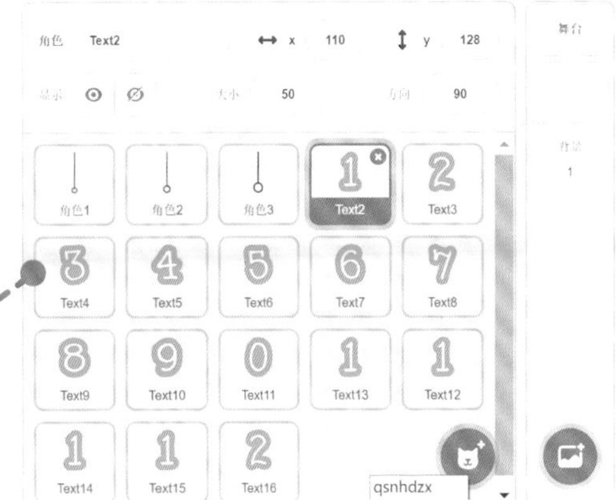

小鸟云云：旋转命令还真有意思，除了时钟我们还可以做些什么呢？

小猴皮皮：那我们做一个幸运大转盘吧！

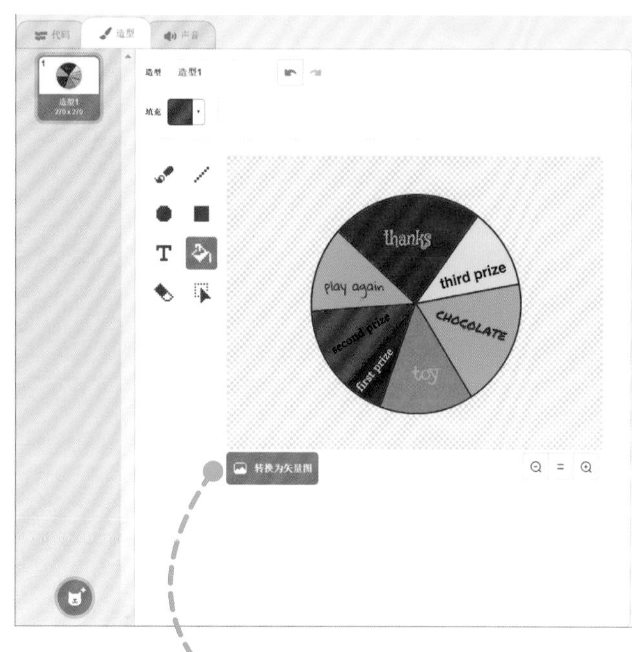

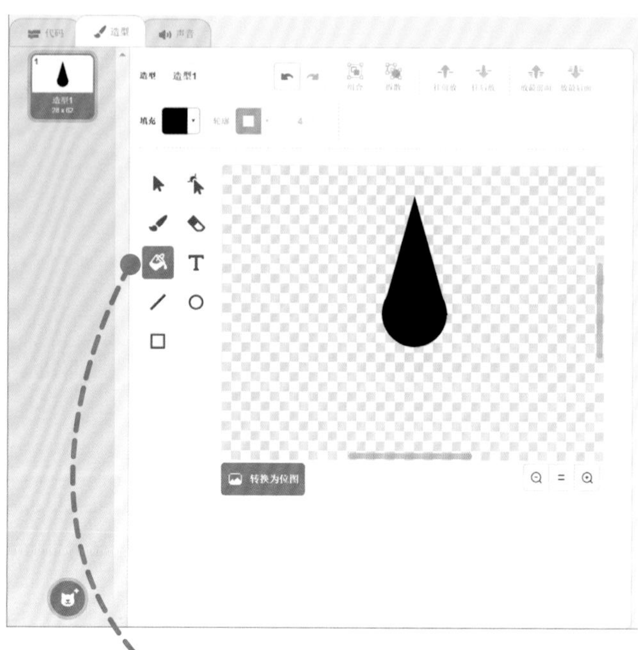

我们使用位图的格式来画，这样便于填充颜色

用圆和直线画出指针，指针上半部分我们可以画成闭合的三角形，这样可以直接将矢量图填充颜色

小猴皮皮：我们先来编写一个简单的程序。

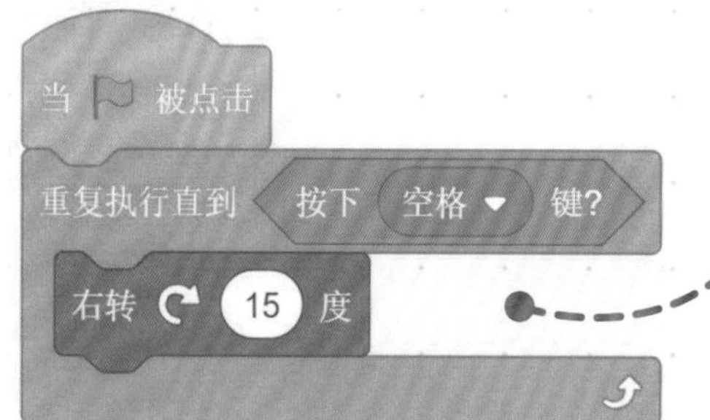

我们选择了“按下空格键”作为控制的条件。当我们按下空格键的时候，转盘就停止转动

小猴皮皮：然后我们把“幸运大转盘”制作得更真实一些，让它能慢慢停下。

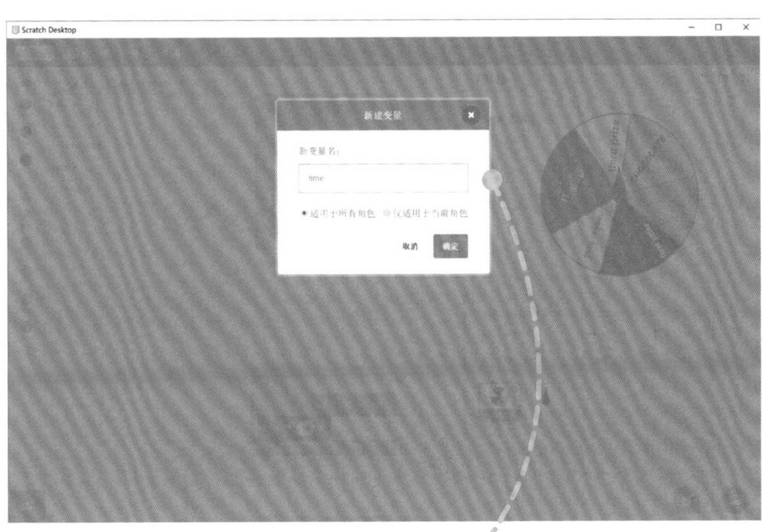

我们选择“变量”模块，建立一个变量，注意要选择“适用于所有角色”（变量的具体定义和用法我们以后再讲）

给变量起个名字，并让它适用于所有角色（以后我们再讲变量的适用范围）

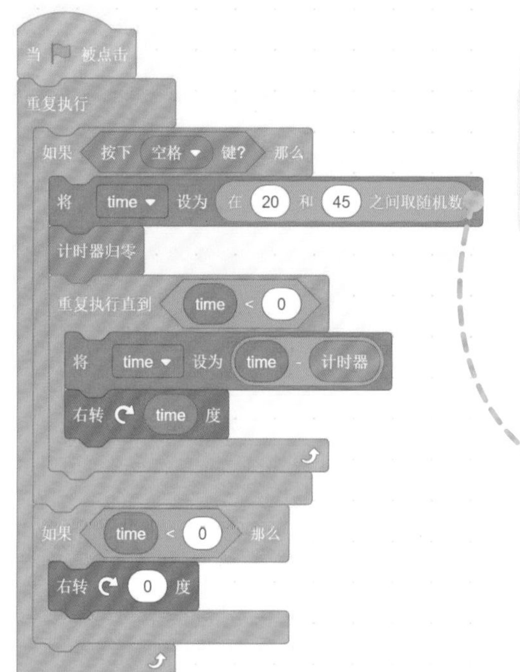

小猴皮皮：我们再试试和旋转有关的其他命令吧！我们来做一个“乱跑的小猫”，怎么样！

随机函数是我们以后要重点说明的内容，现在我们先使用它。我们需要设定一个范围，示例中设定的是 20 至 45。同学们在操作的时候可以适当调整

当 被点击
重复执行
左转 2 度
将旋转方式设为 左右翻转
移动 10 步
碰到边缘就反弹

小鸟云云：可是小猫只是在左右跑，也没有四处乱跑啊？

我们增加一个“左转 2 度”命令，就可以在小猫运动之前改变运动的方向。这样每走 10 步就会改变一次方向，这样一来小猫就可以四处乱跑了。

注意：旋转的角度不宜过大。如果角度太大，角色就会出现原地转圈的效果。这是因为和旋转角度相比 10 步的距离比较短，角色还没有碰到边缘就已经转过 360 度，从而出现原地转圈的现象。

小猴皮皮：运行命令以后，我们也可以把旋转命令去掉，这时小猫仍然可以四处乱跑。

去掉“左转 2 度”命令后，小猫完全按直线运动，但也可以四处乱跑

左转 2 度

小知识：角色在旋转以后已经改变了原有的水平向右的默认方向，所以此时再移动 10 步，就是向着改变以后的方向运动，再加上“碰到边缘就反弹”命令，使运动方向在多个角度间切换，所以看起来也像是四处乱跑。

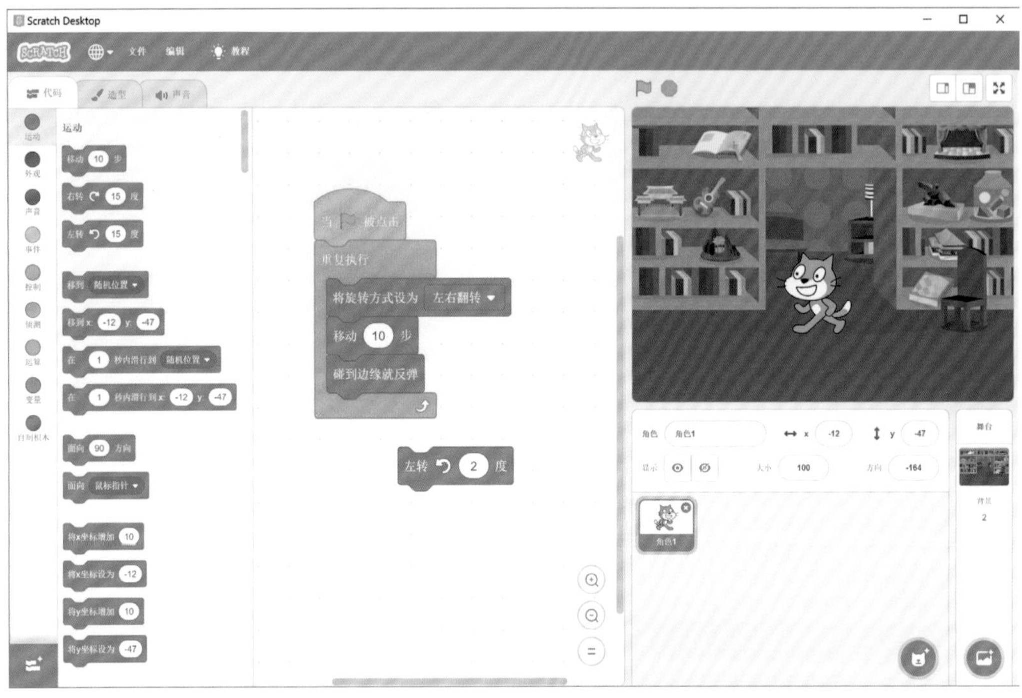

小猴皮皮：今天我们已经把与旋转相关的命令都学习过了，大家想想看，利用“旋转”命令我们还能做哪些设计呢？

小鸟云云：我们可以模拟做一个太阳系的动画模型，动手试试吧！

作业 HOMEWORK

大家试试，用今天学到的知识做一个太阳系的动画模型吧！

第六课 跟着我

猴博士：小猴皮皮，你是不是改了我的鼠标样式？

小猴皮皮：没有啊，猴博士，我刚来您这儿。不过我快到您这里的时候，看见大猩猩黑客了……

猴博士：估计又是大猩猩黑客搞的鬼。说到“鼠标样式”，不如今天我们就做鼠标特效吧……

小猴皮皮：好啊，猴博士，我们也把鼠标的样式改改吧！

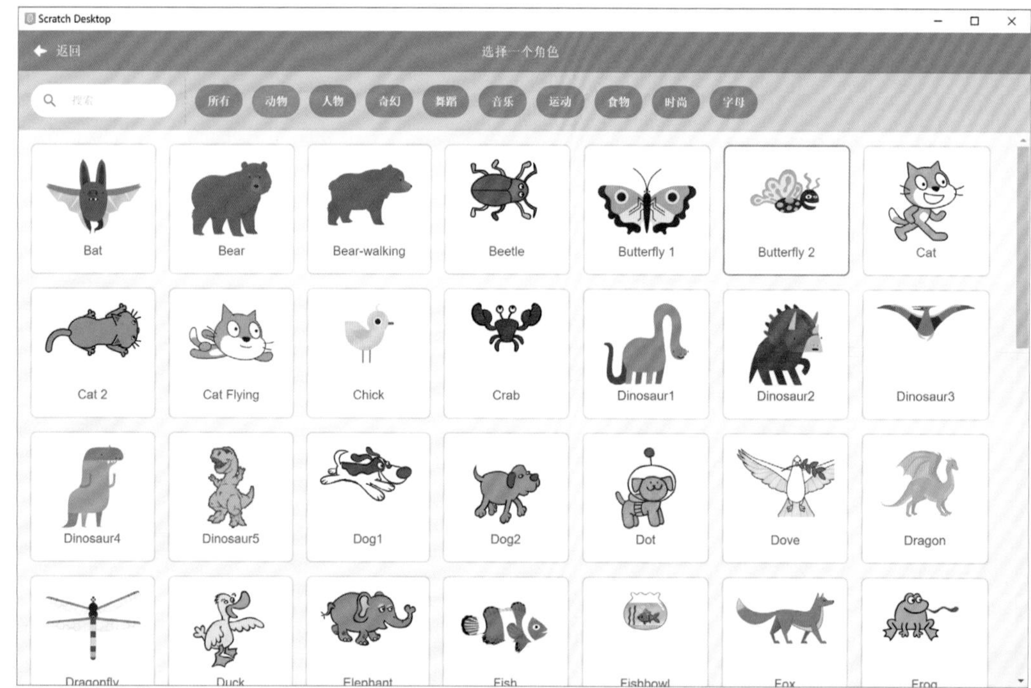

猴博士：首先，我们选一个小蝴蝶的角色。

猴博士：然后我们让程序一直循环。

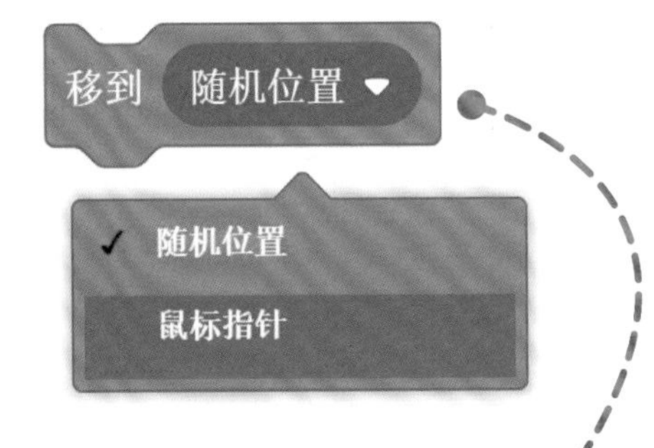

移到鼠标指针，是说让角色从当前的位置，一瞬间落到鼠标指针上。

该命令运行速度快，一瞬间完成，看不到滑动效果，直接出现

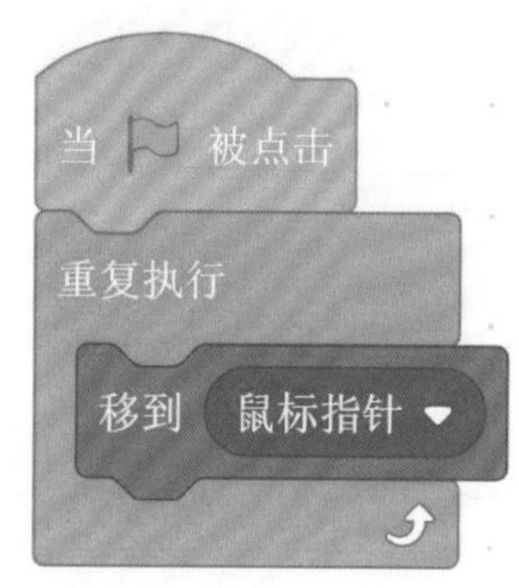

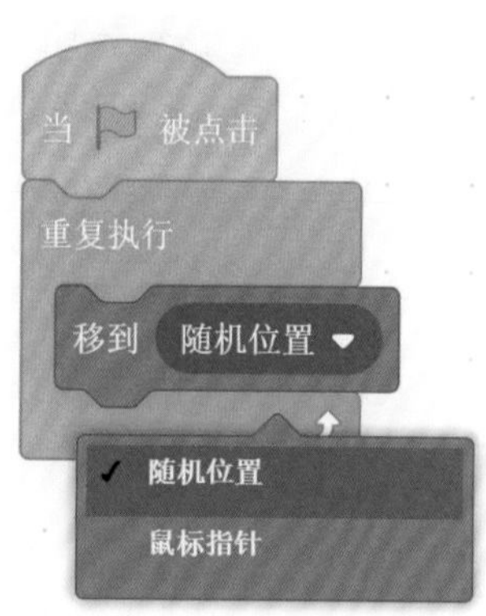

猴博士：你看，咱们的鼠标是不是看起来换特效了，小蝴蝶一直跟着鼠标。

猴博士：我们如果不选移到鼠标指针，而是随机位置，会怎么样呢？

小猴皮皮：小蝴蝶就会到处乱跑了，是不是？这样我们是不是就可以做小游戏了？

猴博士：是啊，随机位置确实可以让小蝴蝶到处乱跑，不过想做小游戏还要学一些别的控制命令，我们先做一个动画吧。

角色 Bat ↔ x -87 ↕ y 47
显示 大小 100 方向 90
舞台
背景 1
Butterfly 2
Bat

猴博士：我们做一个追逐的动画。首先，我们来添加一只蝙蝠。

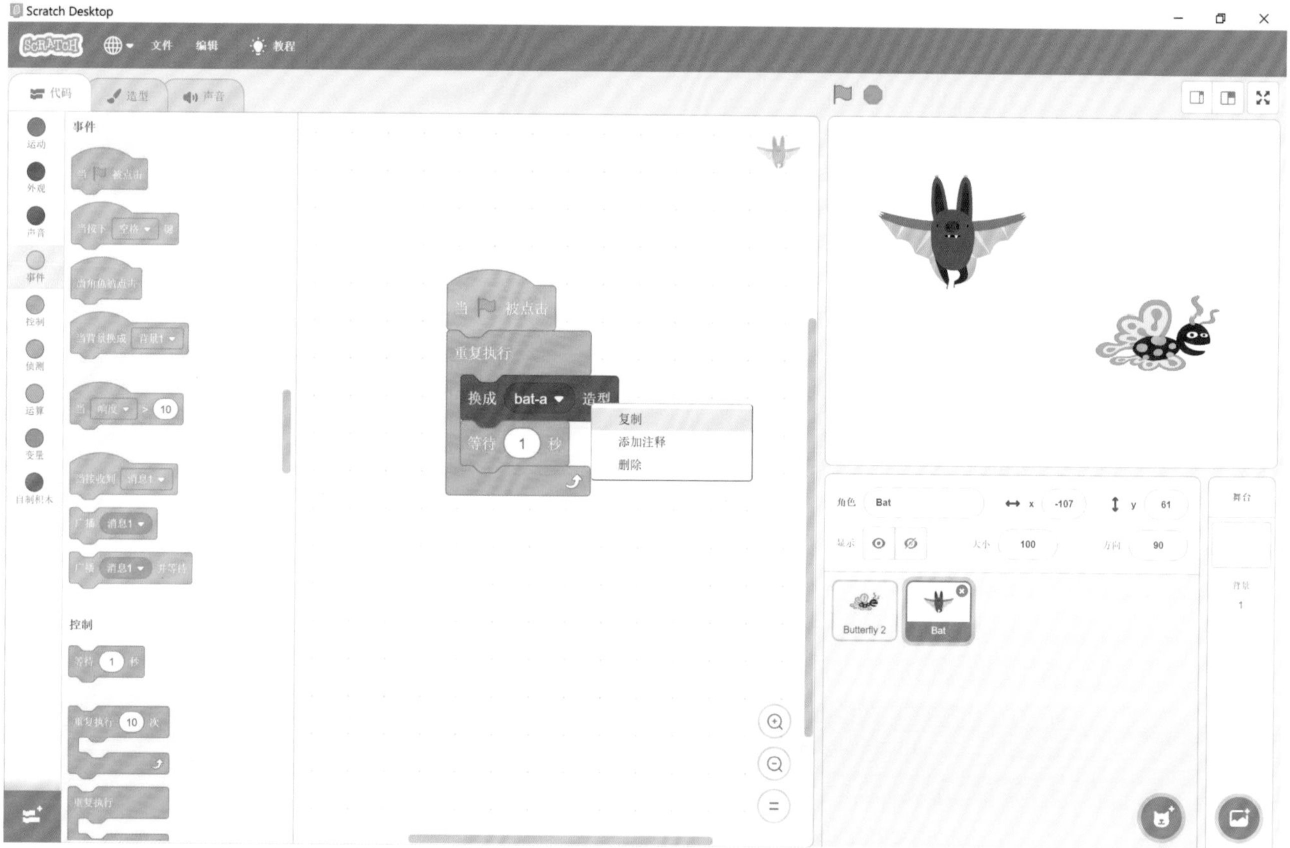

Scratch Desktop

当 被点击
重复执行
换成 bat-a 造型
等待 1 秒

复制
添加注释
删除

猴博士：然后做好造型的切换，这样看起来会比较真实。

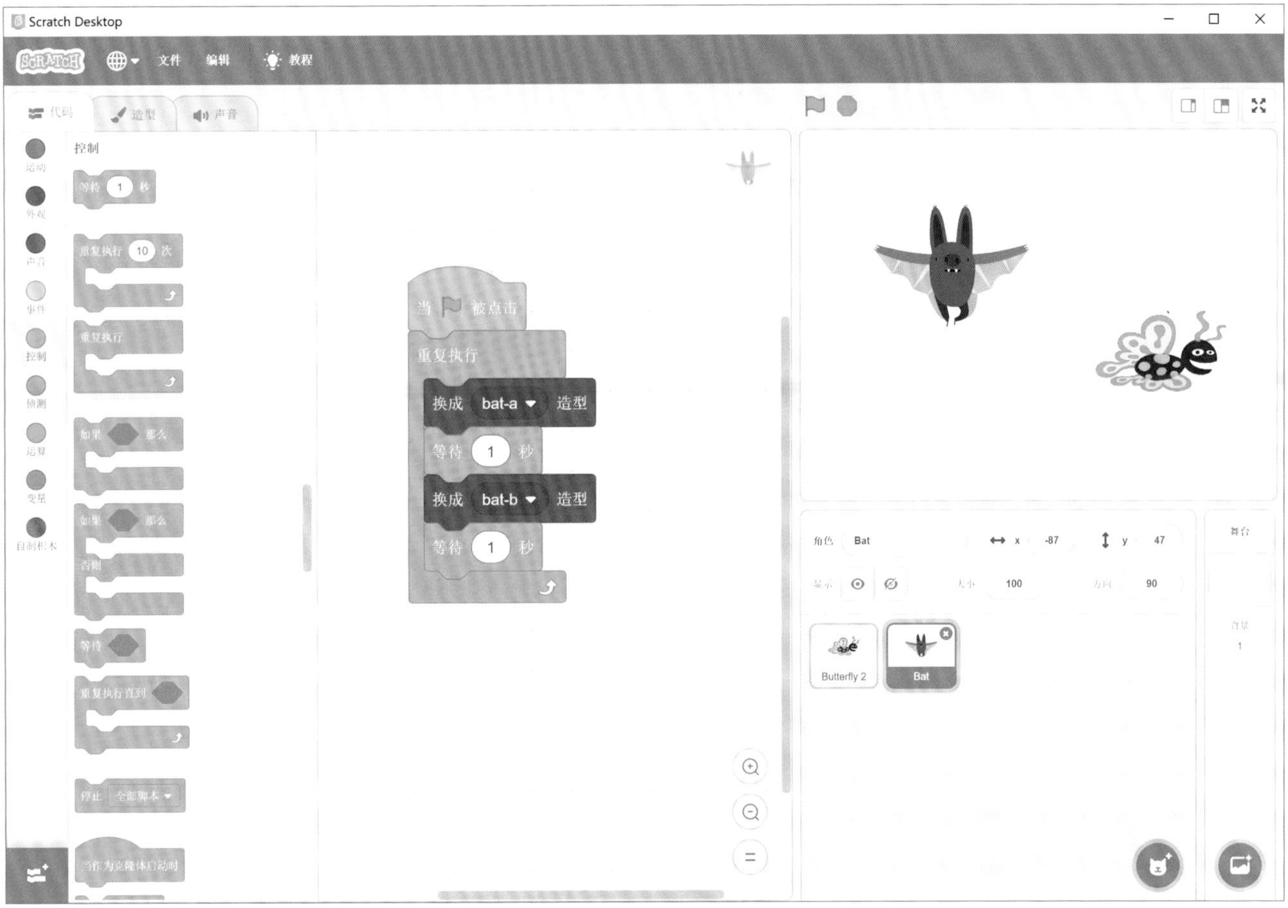

Scratch Desktop

当 🏴 被点击
重复执行
换成 bat-a 造型
等待 1 秒
换成 bat-b 造型
等待 1 秒

每个角色可以运行的程序不止一个，可以有多个程序同时运行

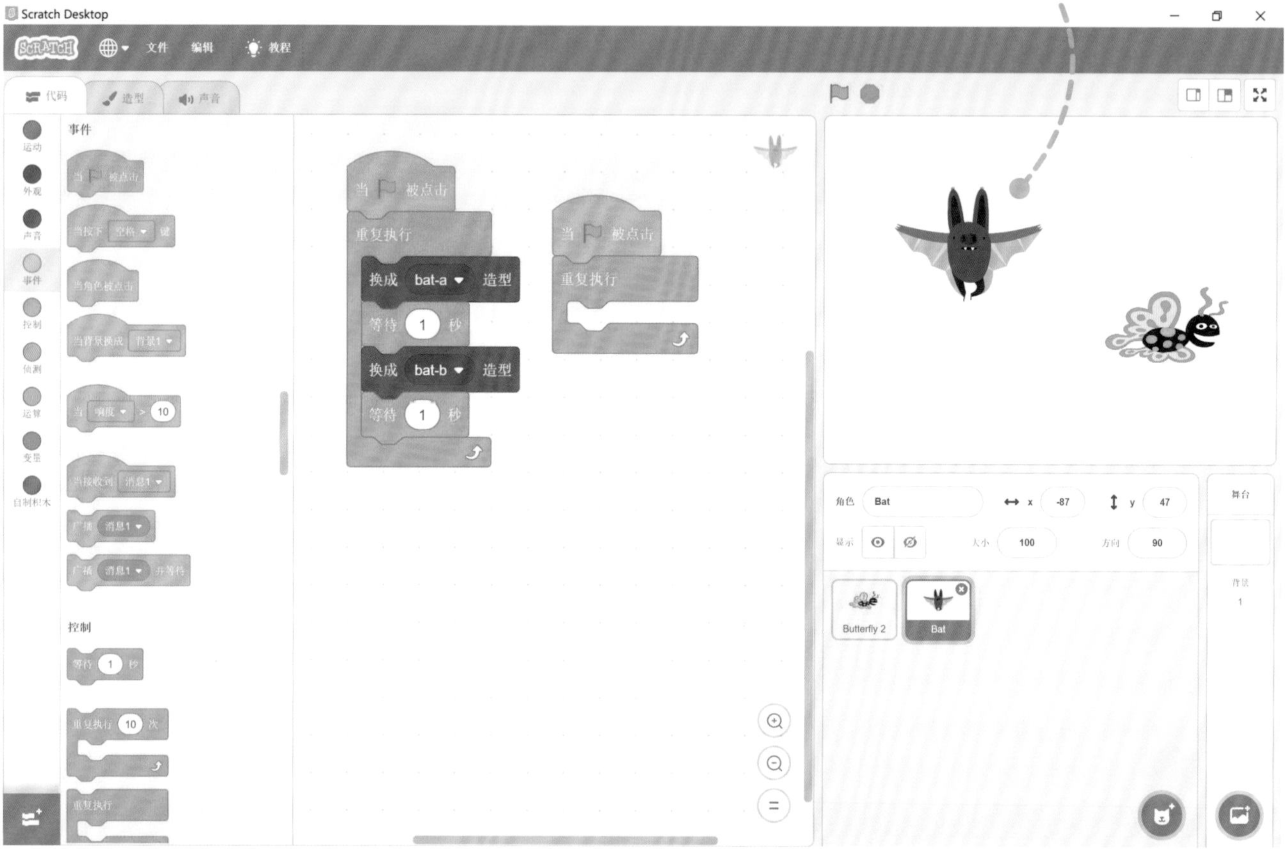

面向 鼠标指针

✓ 鼠标指针

Butterfly 2

角色增多后，面向命令就会把这些角色的名字都列出来，供我们选择。

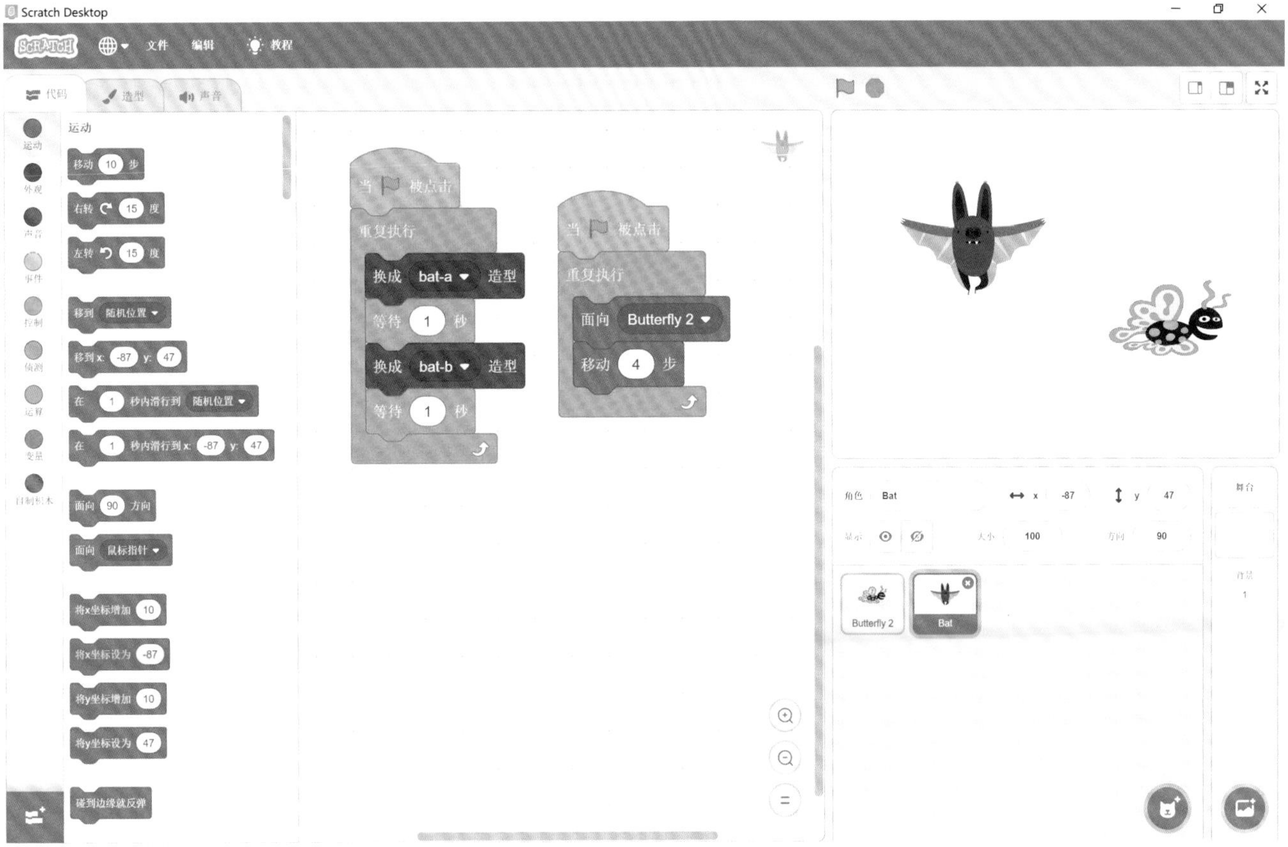

Scratch Desktop

当 🏳 被点击
重复执行
换成 bat-a 造型
等待 1 秒
换成 bat-b 造型
等待 1 秒

当 🏳 被点击
重复执行
面向 Butterfly 2
移动 4 步

猴博士：你看，让我们的小蝙蝠一直面向蝴蝶，然后再移动，这样就可以做出追逐的效果了。

小猴皮皮：猴博士，我们的Scratch 3.0能做出追逐鼠标的效果么？

猴博士：可以啊，咱们现在就试试。

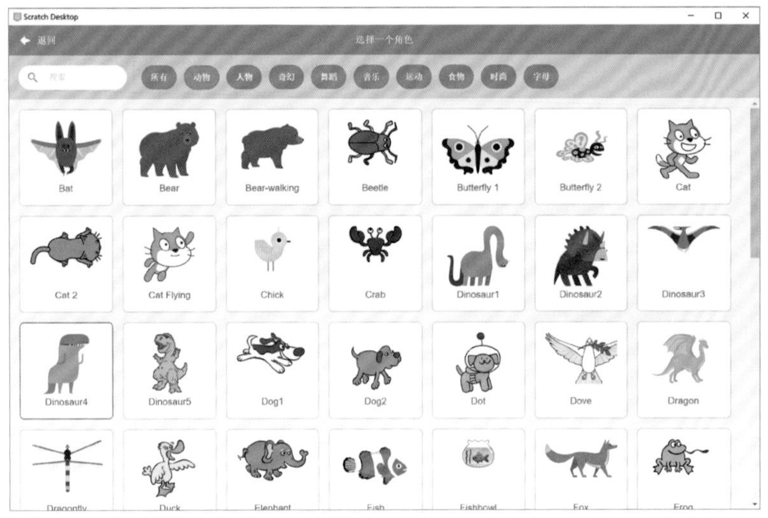

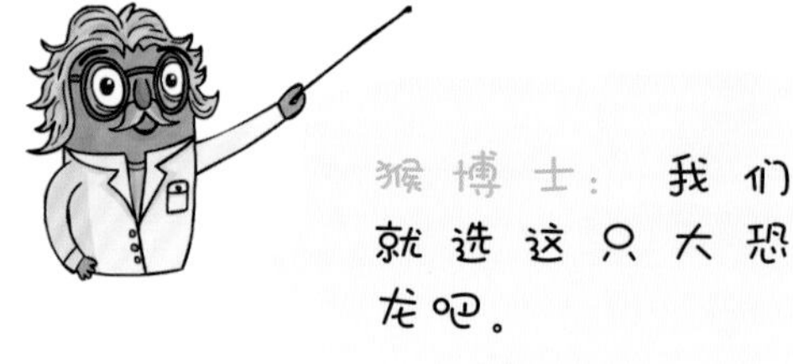

猴博士：我们就选这只大恐龙吧。

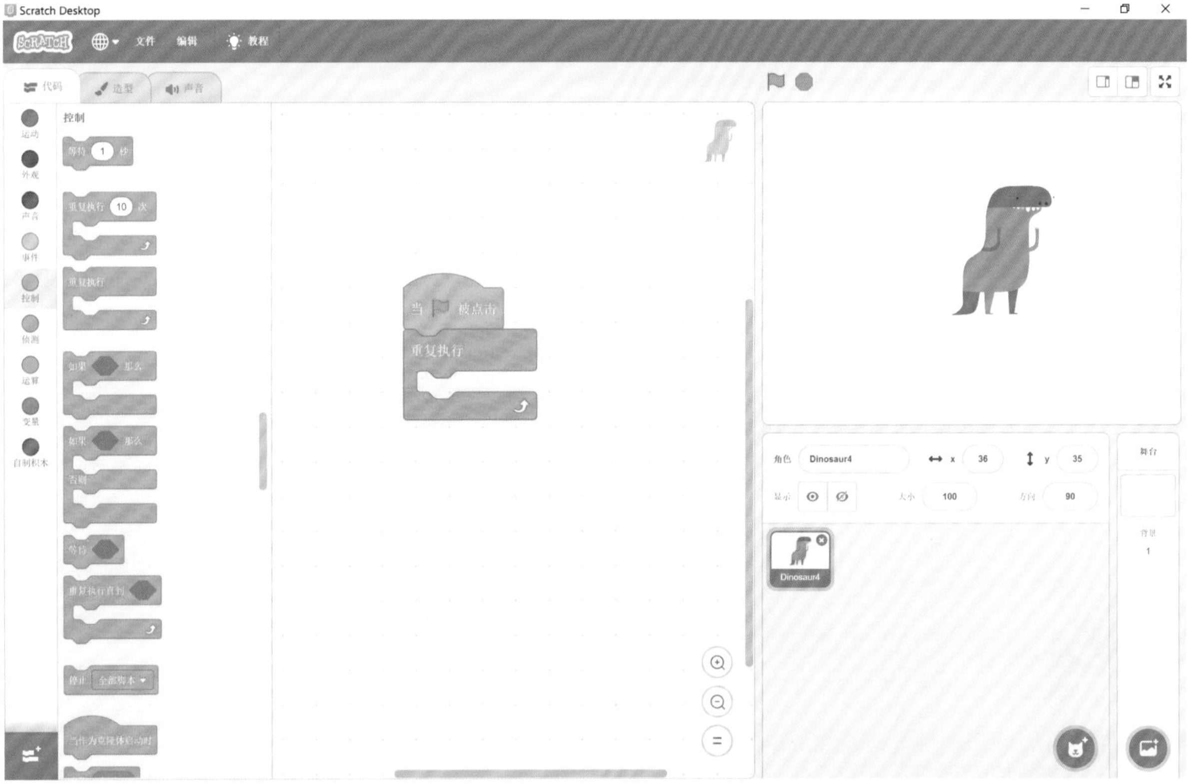

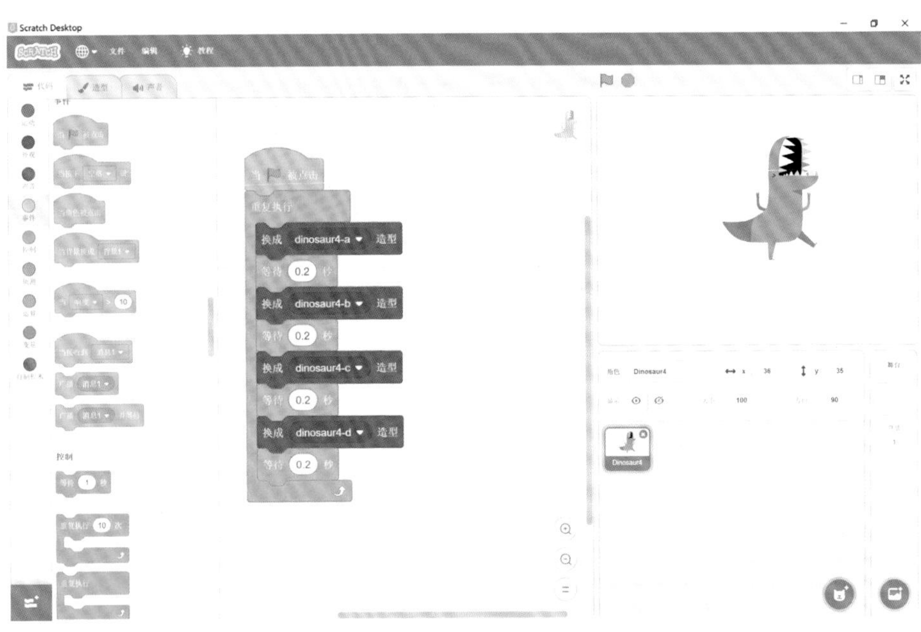

猴博士：首先我们利用造型变化，让大恐龙动起来。

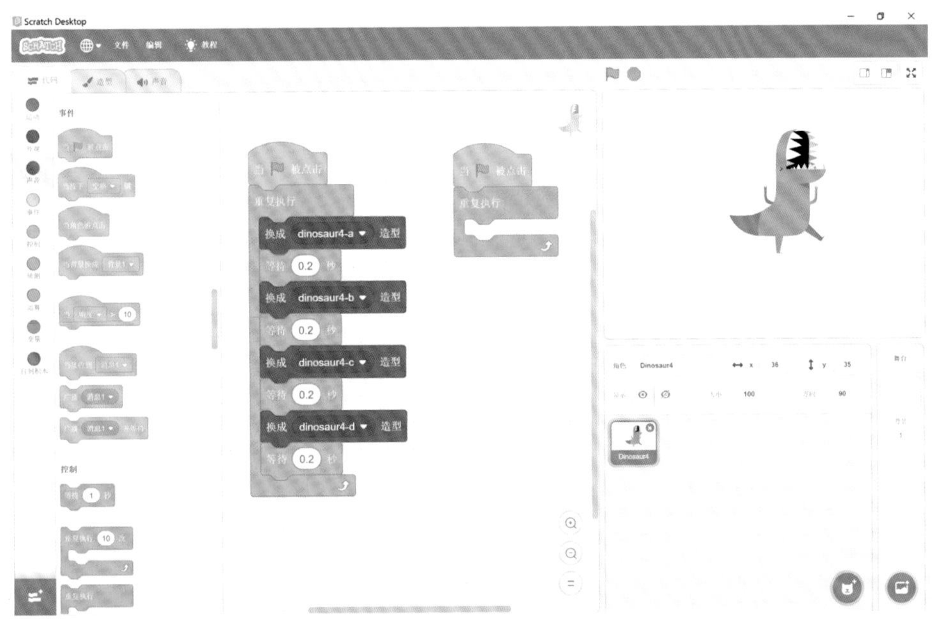

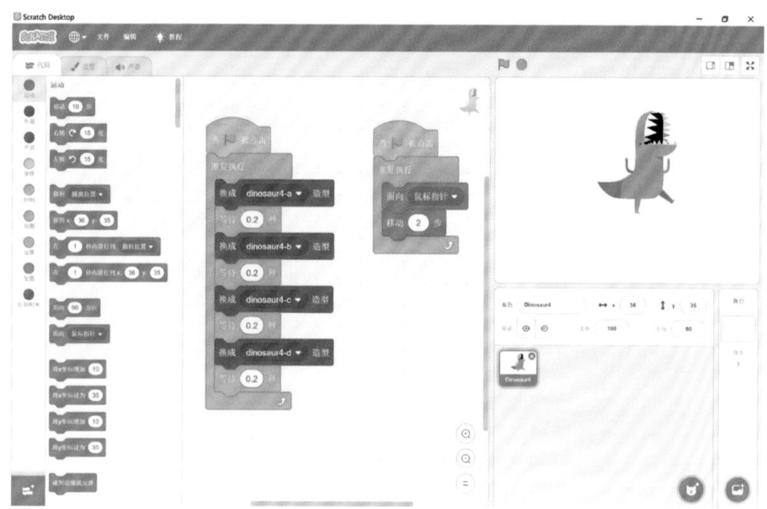

猴博士：然后我们再让大恐龙向着鼠标移动，这样就能做出跟随鼠标运动的效果啦。

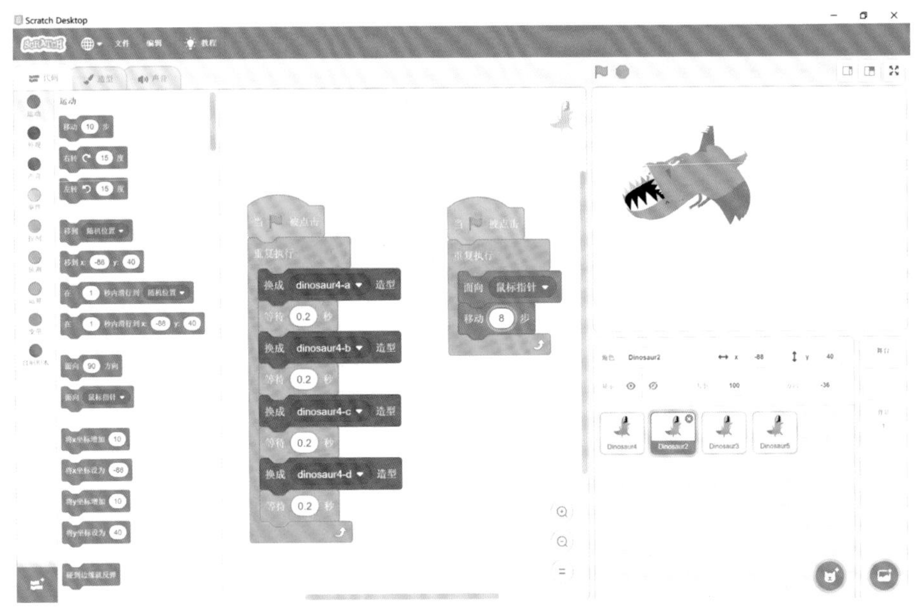

猴博士：最后，我们再多复制几只大恐龙。

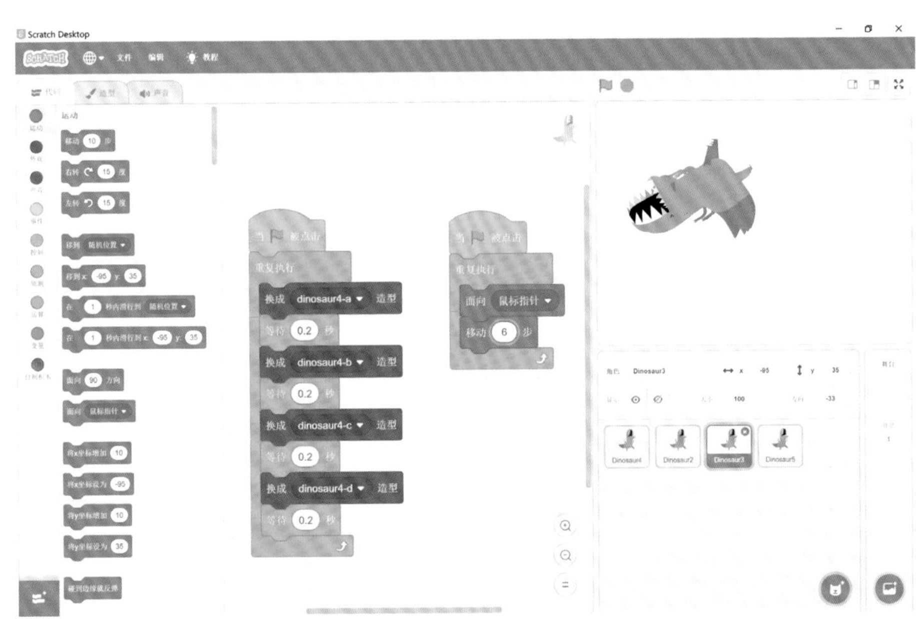

猴博士：我们再调整一下大恐龙的移动步数，这样就能够做出一群大恐龙排队跟着鼠标走的效果了。

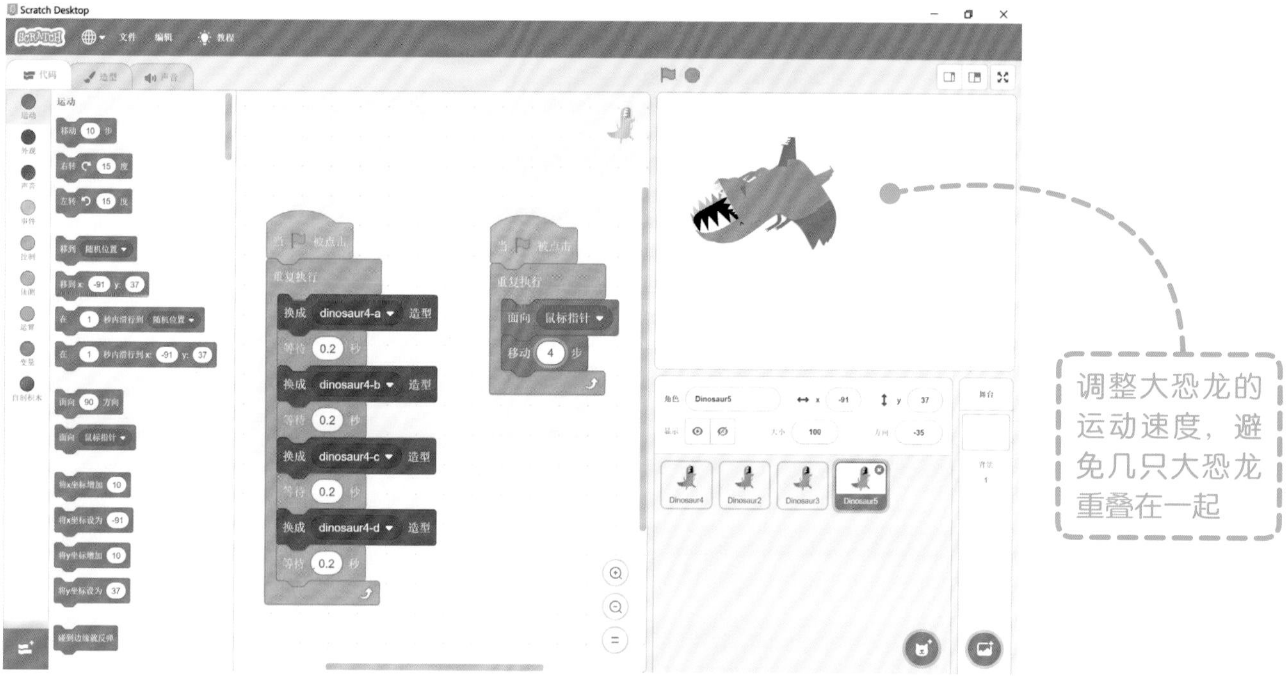

调整大恐龙的运动速度，避免几只大恐龙重叠在一起

小猴皮皮：太棒了，猴博士！

作业 HOMEWORK

让我们用学到的命令，编写一个小鱼追着食物到处跑（小鱼觅食）的程序吧。

第七课

我是大导演

小猴皮皮：猴博士，我和小鸟云云要表演话剧，有一场是天色变暗的场景，我想用Scratch 3.0 制作背景，您能帮帮我吗？

猴博士：当然可以了，给我看看你们话剧的背景。

小猴皮皮：猴博士，您看。

猴博士：哦，好办，我来教你。

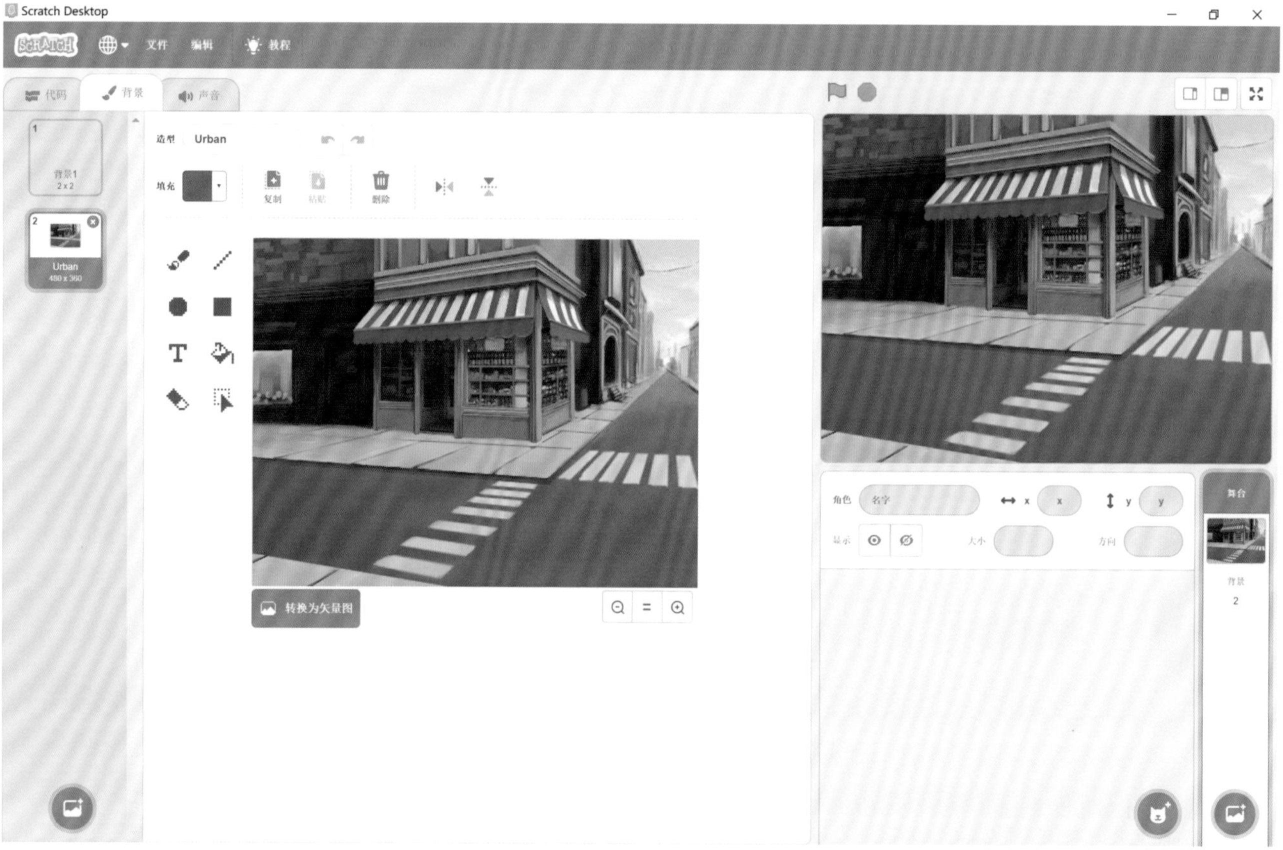

猴博士：我们这次是控制背景，所以我们把角色都删除掉，更换成我们需要的背景。

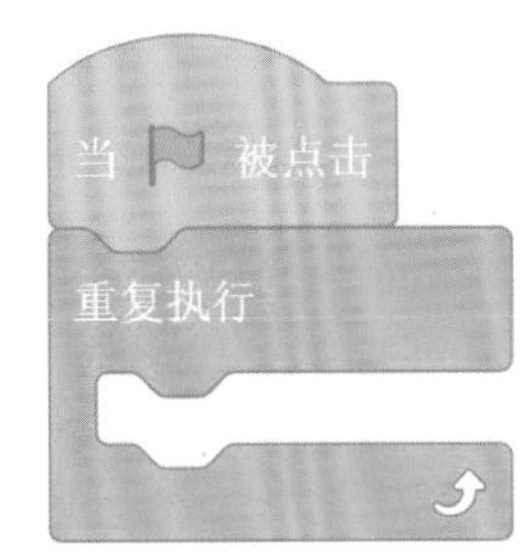

对背景编程时，背景没有运动类程序，这是因为背景不能像角色一样四处移动。这就好像我们在大街上，房子不会随便跑一样。

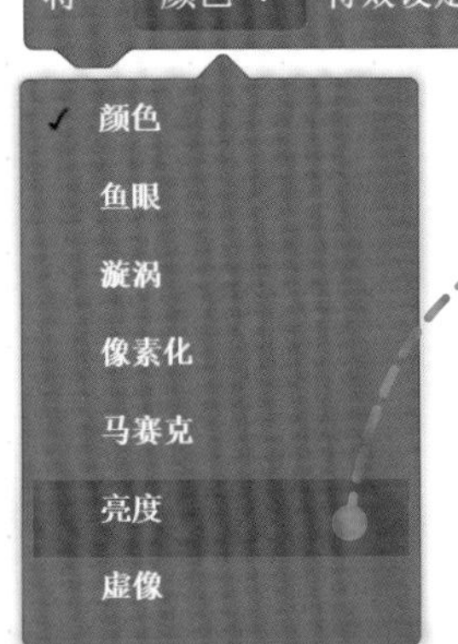

“将 ×× 特效设定为 ××”命令，可以选择很多种特效，我们使用亮度参数来控制背景的明暗变化。有兴趣的同学也可以试试其他的参数

背景原始亮度默认为 0，数字越大越亮，越小越暗。

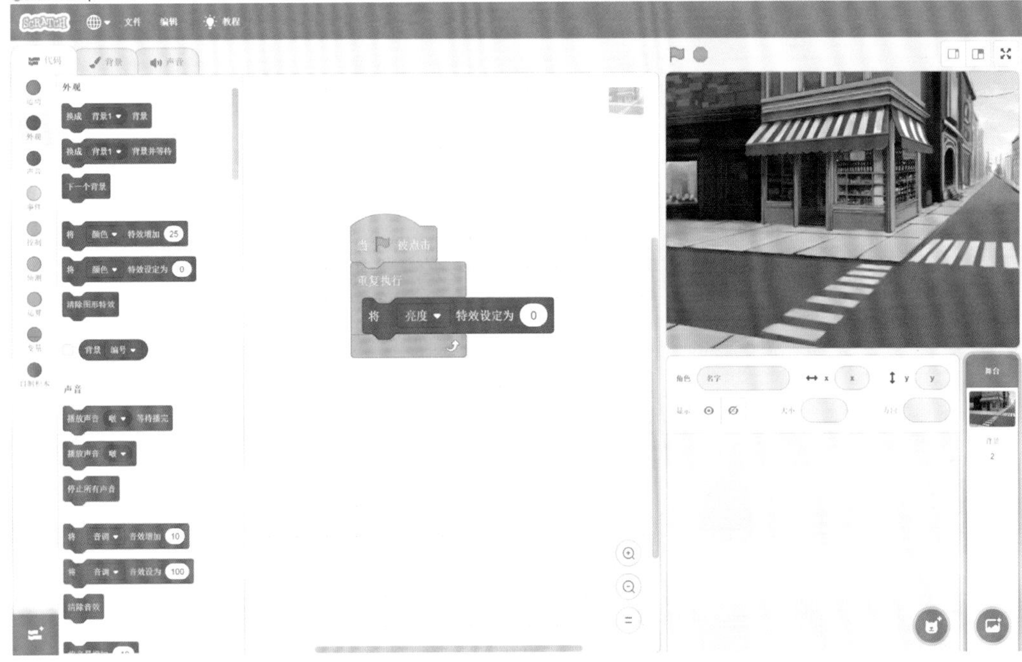

猴博士：我们使用特效增加和重复执行数次命令来实现。

“将 ×× 特效增加 ××”命令，是在当前的特效数值基础之上，增加一定数值的特效。

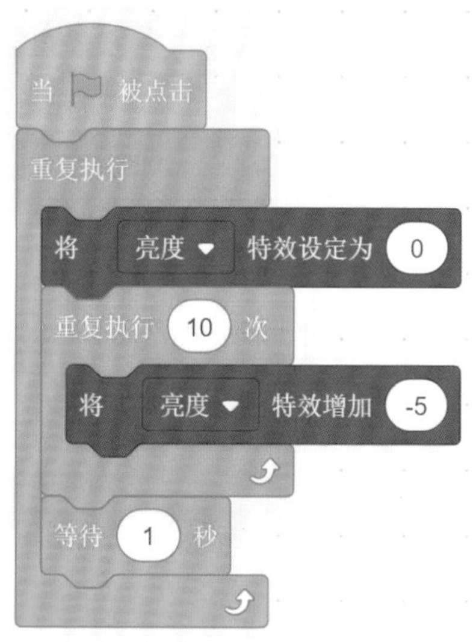

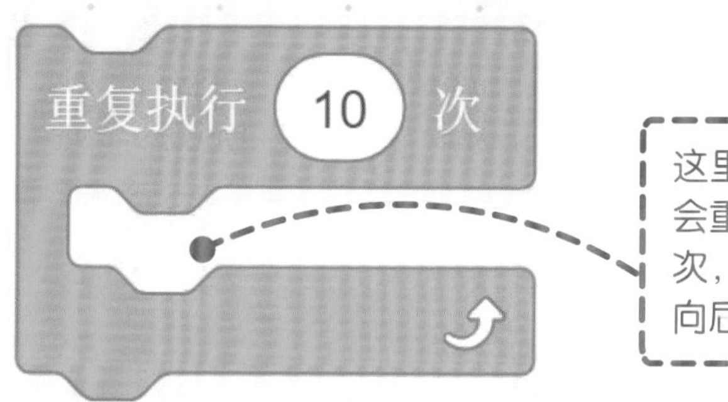

这里面的命令会重复执行 10 次，然后继续向后执行

“重复执行 ×× 次”命令，是重复次数可控的命令，能够执行确定次数的程序。

小猴皮皮：猴博士，您看我编的程序对吗？

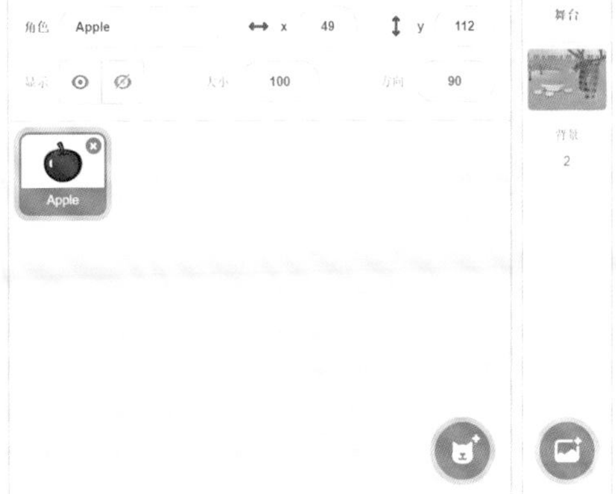

猴博士：嗯，做得很好。除了可以控制亮度特效，我们还有很多特效可以控制，而且角色也有相关的特效哟。

猴博士：小猴皮皮，咱们试试改变角色的特效吧。

小猴皮皮：猴博士，我们模拟一下苹果熟了的过程吧。

将　颜色 ▼　特效增加　-5

猴博士：好，我们先添加一个背景，再添加一个苹果的角色。

猴博士：我们使用特效增加来控制苹果的颜色吧，你来试试。

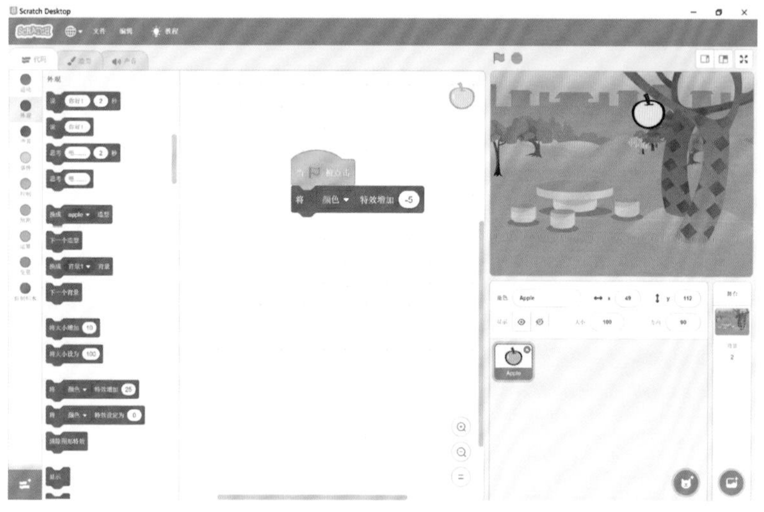

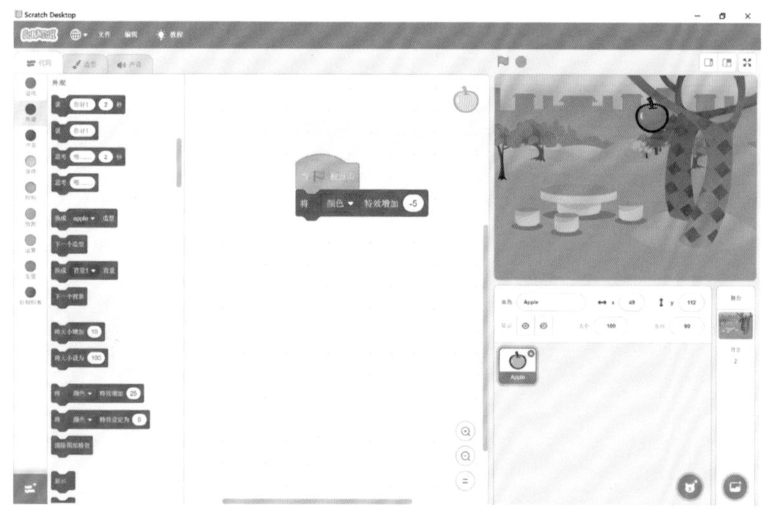

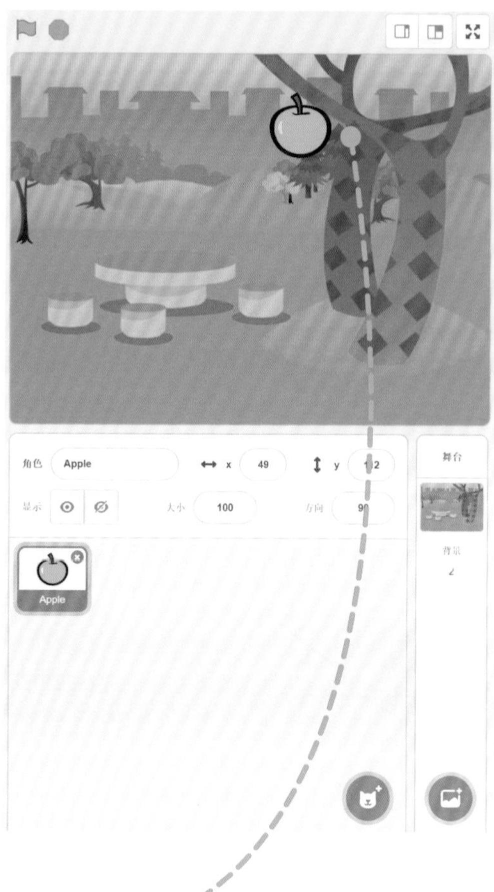

Scratch 3.0 中没有绿色苹果的角色或造型，我们可以先选择一个红色苹果，然后改变其颜色，就得到绿色苹果了

注意：颜色特效改变时只是影响展示区的角色，而列表中的角色仍然保持原有的外观。

猴博士：小猴皮皮，不光是颜色，角色的大小也是一种特效，我们也可以控制调整。

猴博士：我们添加一只小狗的角色。

角色大小可以在列表区上方的状态栏中调整

角色大小增加数值越大，角色的体积变得越大

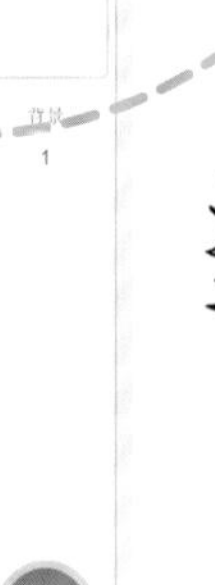

猴博士：你来测测这个程序。

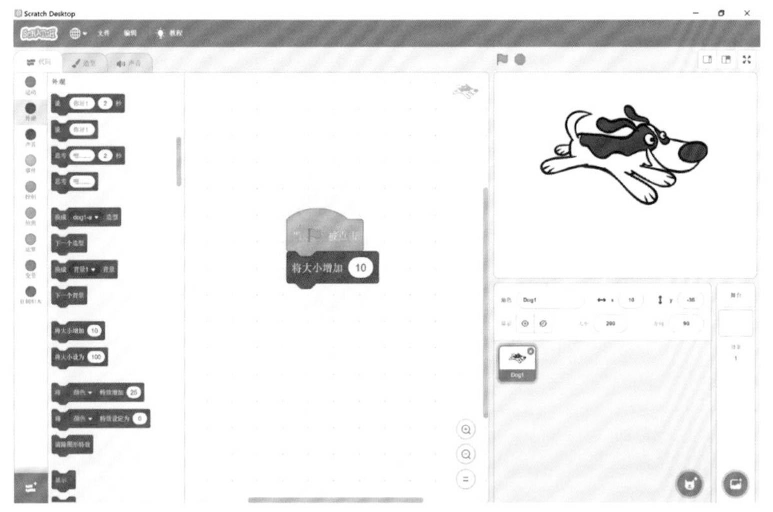

小猴皮皮：小狗长大了，这样的话，我可以做一个小游戏。

将大小设为 100

与大小增加不同，角色大小设定是把角色的大小固定在某一数值。

小猴皮皮：
我先设定小狗的大小。

小猴皮皮：

然后添加一个蛋糕角色。

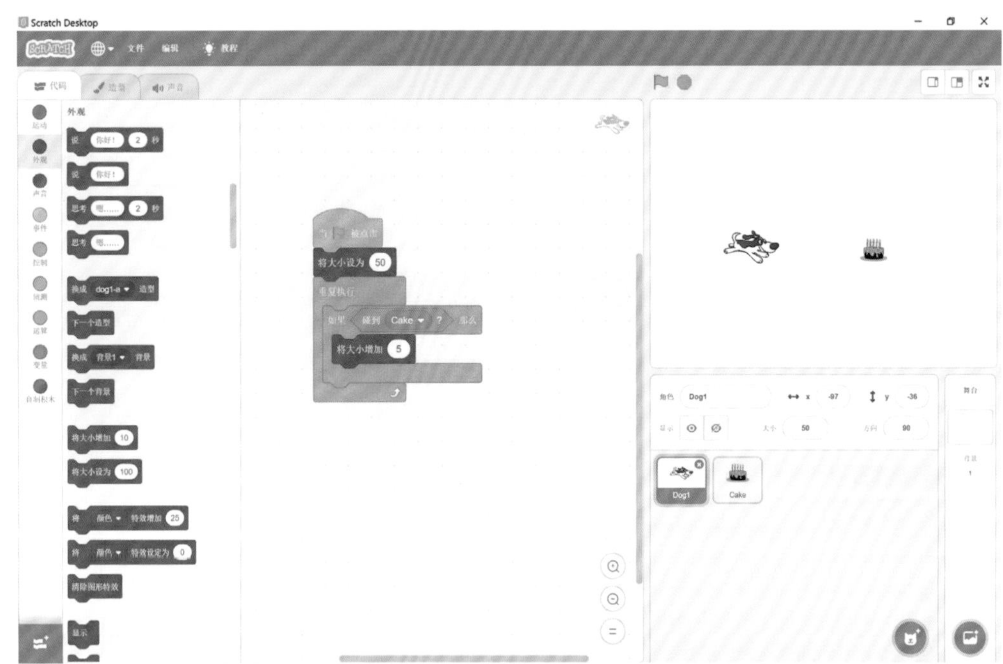

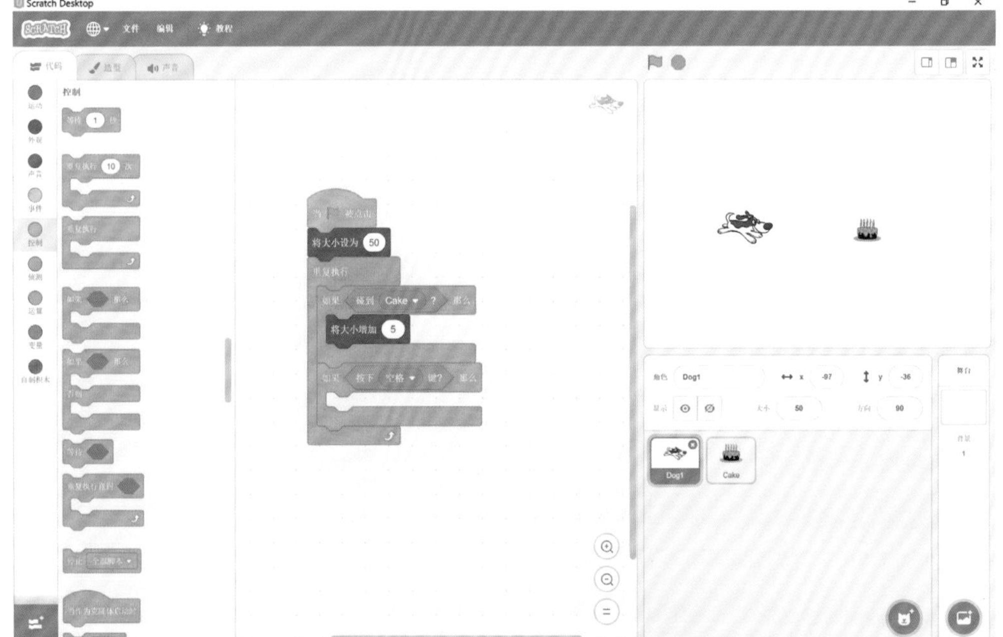

小猴皮皮：我们让小狗吃了蛋糕就长大。

猴博士：要注意啊，这样下去小狗就比背景还大了。

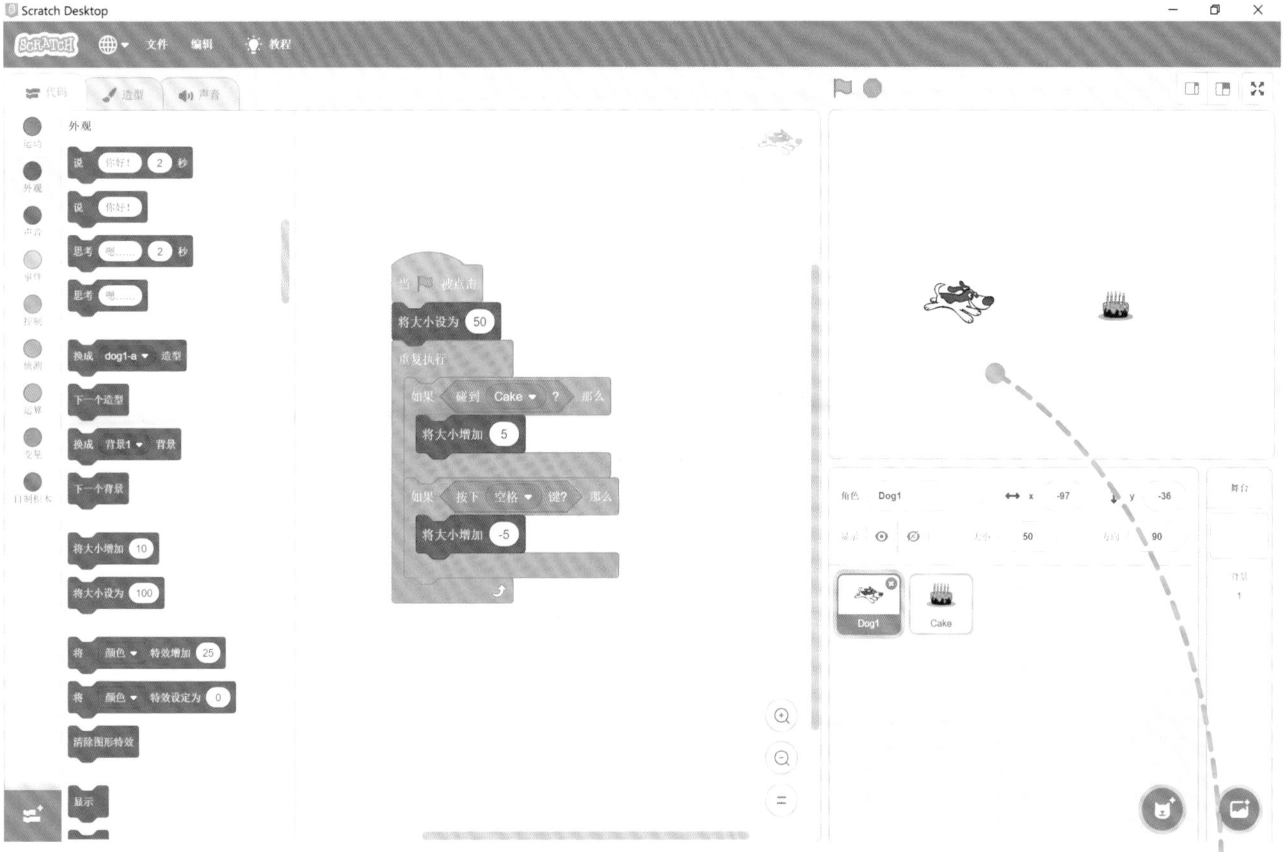

```
当 🏴 被点击
将大小设为 50
重复执行
  如果 碰到 Cake ? 那么
    将大小增加 5
  如果 按下 空格 键? 那么
    将大小增加 -5
```

也可以单独写一段控制角色变小的程序

小猴皮皮：没关系，我再加一个变小的控制。我用空格键来让小狗变小。

小猴皮皮：蛋糕就用鼠标控制吧。

作业 HOMEWORK

让我们做一个特效编辑器吧，只要点击按钮，就能控制角色的大小、颜色等特效变化。

第八课
配音演员

小鸟云云：小猴皮皮，你在干什么呢？

小猴皮皮：我在给动画配音啊。

小鸟云云：这么厉害，快教教我，怎么做配音。

小猴皮皮：好，我给你做一个例子，例如让小猫说话。

Scratch 3.0 中的角色本身就自带了声音，所以我们只要想办法播放声音就行了。

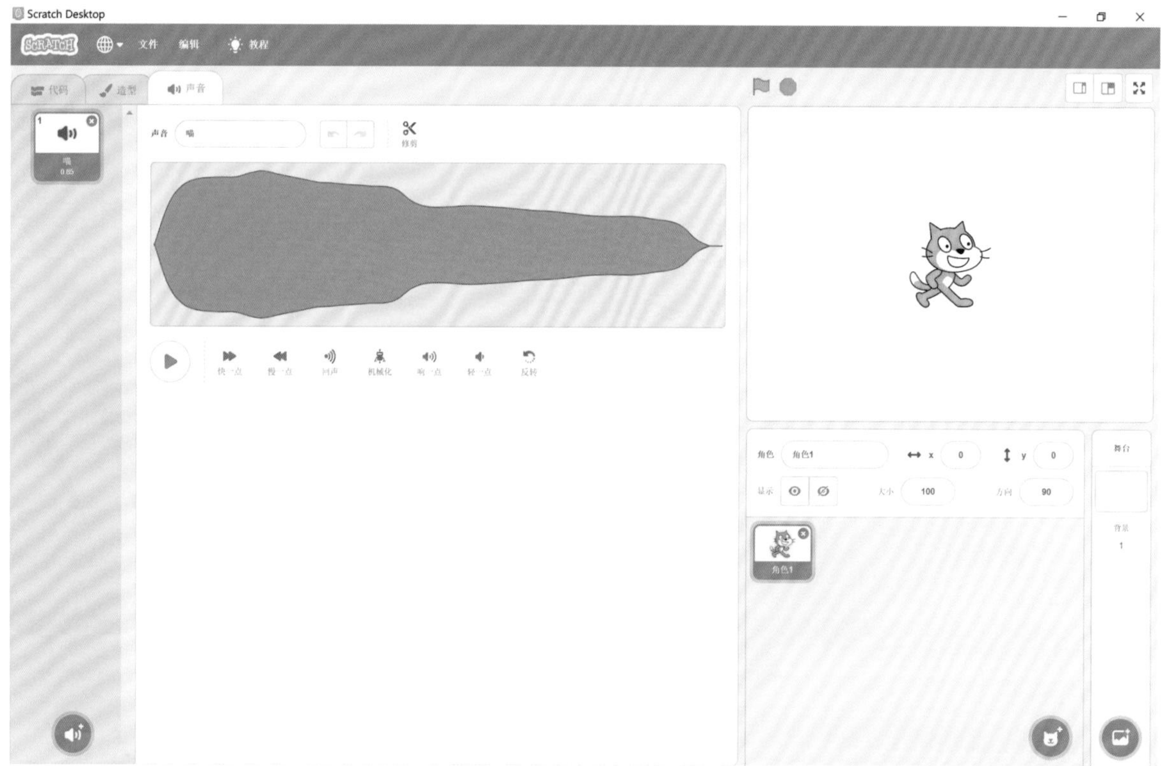

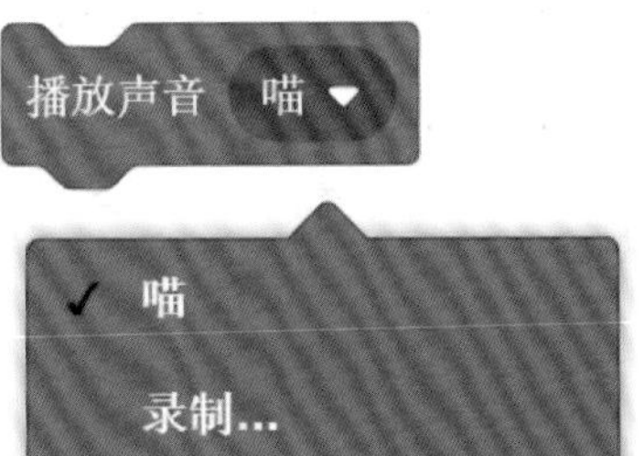

"播放声音××"命令，可以播放角色自带的声音，也可以选择录音来添加新的声音。

小猴皮皮：好了，只需要点击绿旗，小猫就会说话了，试试看。

小鸟云云：哇，好厉害！

小猴皮皮：还有更厉害的呢，我们还能让小猫发出别的声音呢。

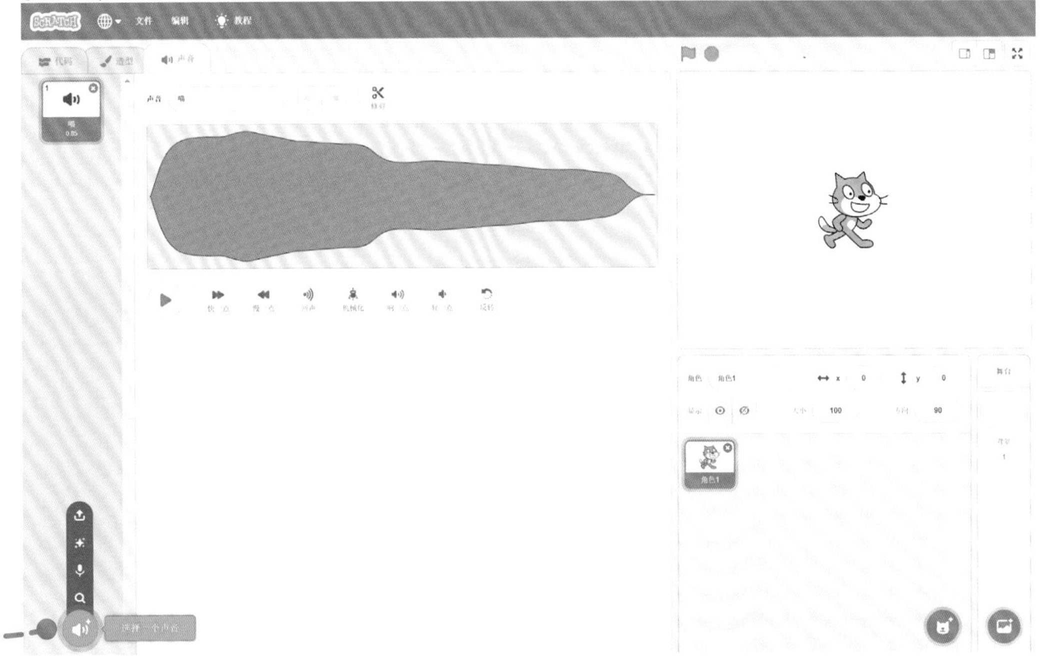

声音选项卡中有从库中选择声音的功能

小猴皮皮：我们让小猫发出吹泡泡的声音。

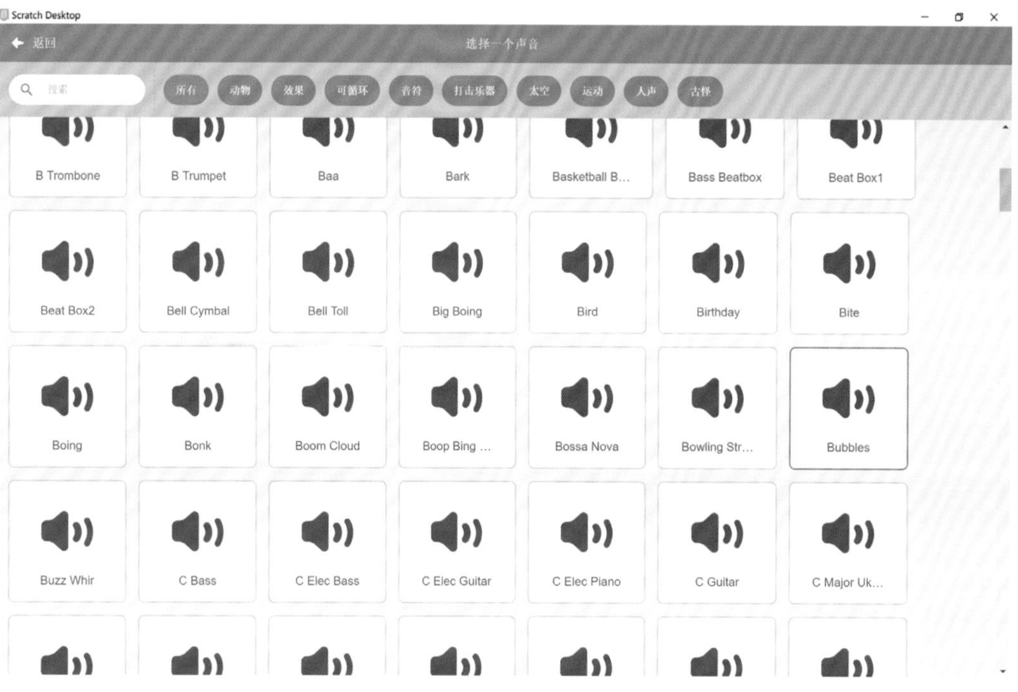

小猴皮皮：现在小猫就可以发出吹泡泡的声音了。

小猴皮皮：我再来做一个“小猫讲故事”的程序吧。

小猴皮皮：我先添加了一个录音文件，然后开始录音。

使用“停止录制”按钮停止录音

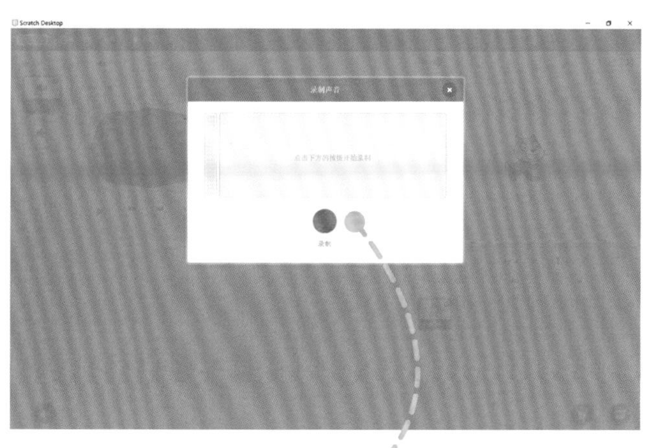

使用“录制”按钮开始录音

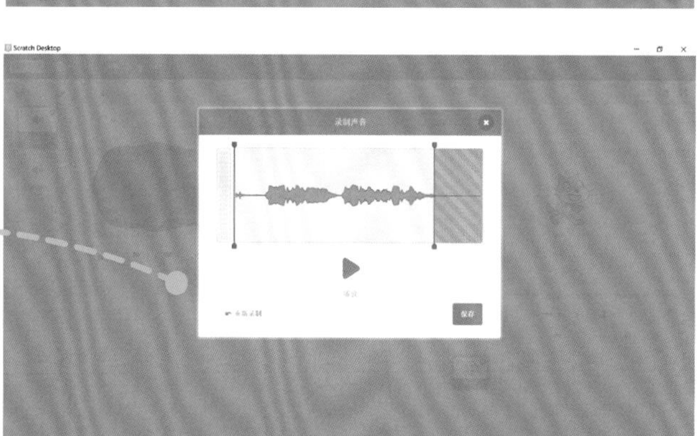

播放、保存、重新录音

小猴皮皮：这就是我录制好的声音文件。

保存后的录音会在角色的声音选项卡中出现

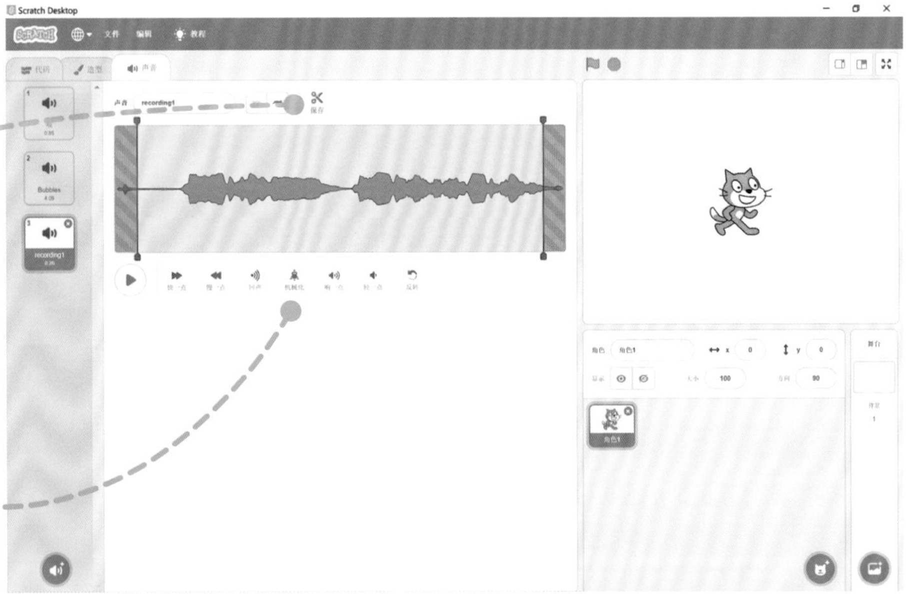

使用修剪工具可以对录音进行剪辑

效果按钮为录音提供了特殊效果

选择录音文件即可在程序执行时播放录音文件

“将音量增加 ××”是让音量变大或者变小。

将音量设为 100 %

音量设定是把音量大小固定在一定程度。

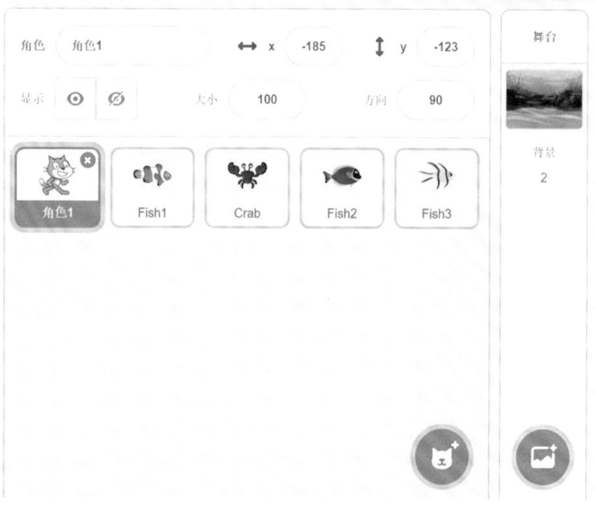

小猴皮皮：现在我要给小猫配音，讲珊瑚礁的故事。所以，我先把珊瑚礁的动画做好。

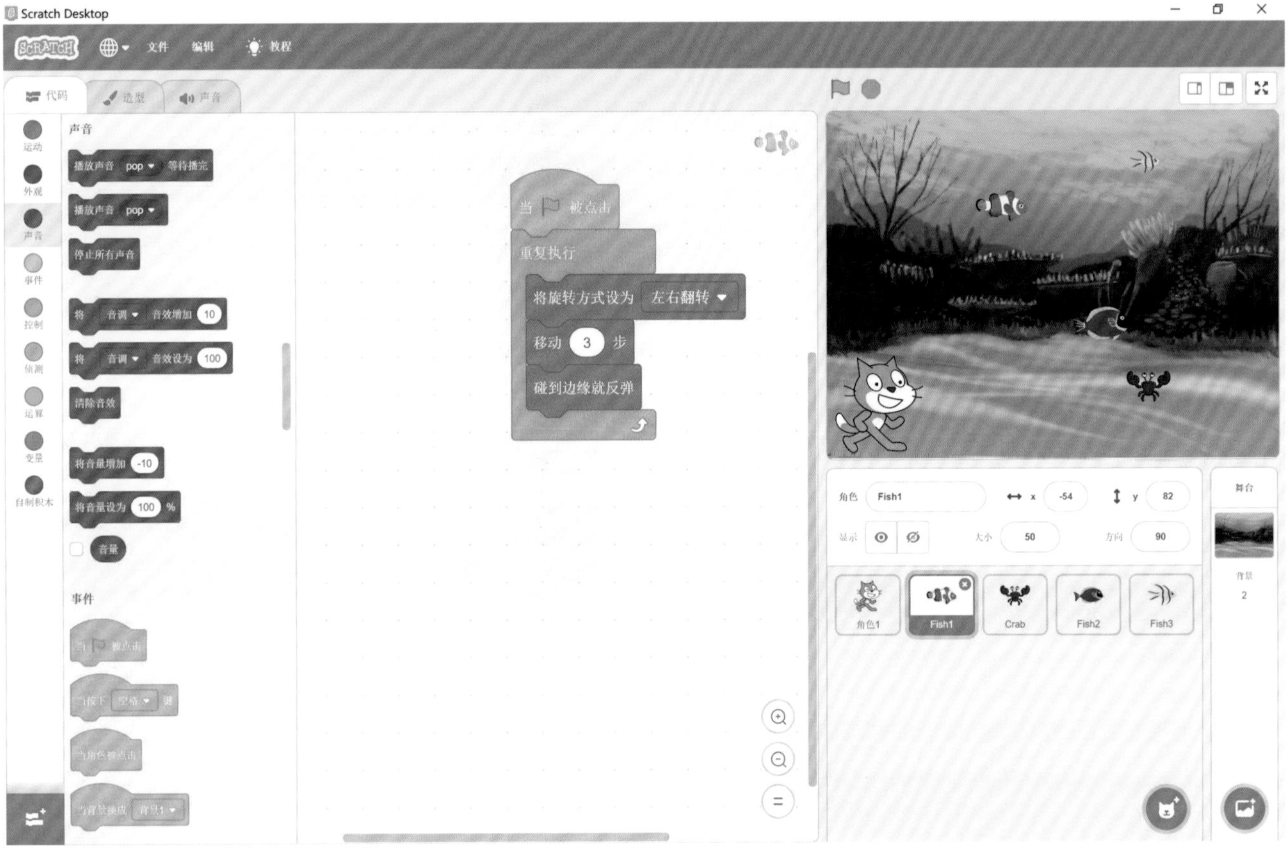

Scratch Desktop

当 🏁 被点击
重复执行
将旋转方式设为 左右翻转
移动 3 步
碰到边缘就反弹

小猴皮皮：这是小鱼的程序。

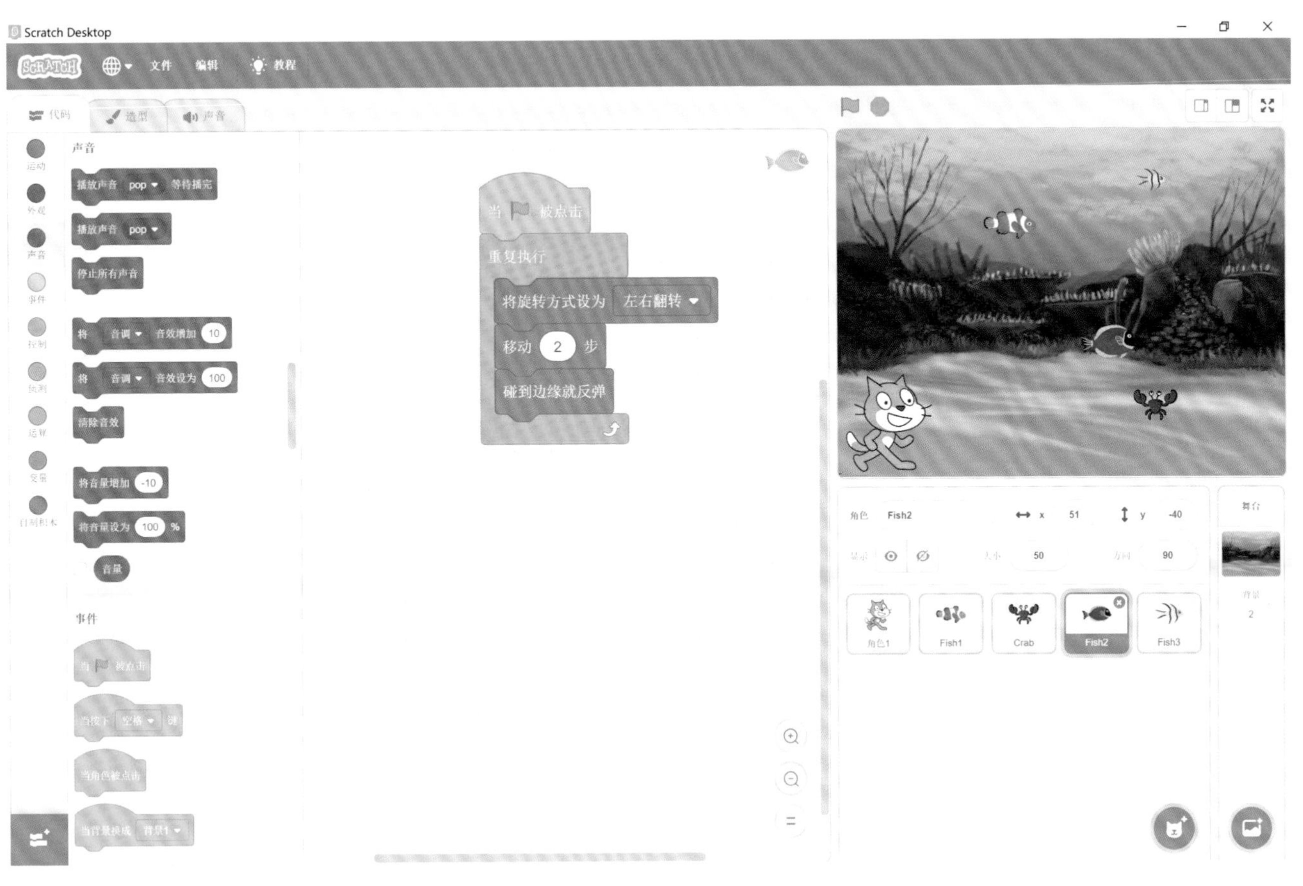
Scratch Desktop
文件
编辑
教程
代码
造型
声音
播放声音 pop 等待播完
播放声音 pop
停止所有声音
将 音调 音效增加 10
将 音调 音效设为 100
清除音效
将音量增加 -10
将音量设为 100 %
音量
事件
当 被点击
重复执行
将旋转方式设为 左右翻转
移动 2 步
碰到边缘就反弹
角色 Fish2
x 51
y -40
大小 50
方向 90
Fish1
Crab
Fish2
Fish3

小鸟云云：每一条小鱼都要编写程序啊！

小猴皮皮：是啊，我们想让小鱼动起来就需要给小鱼编程。

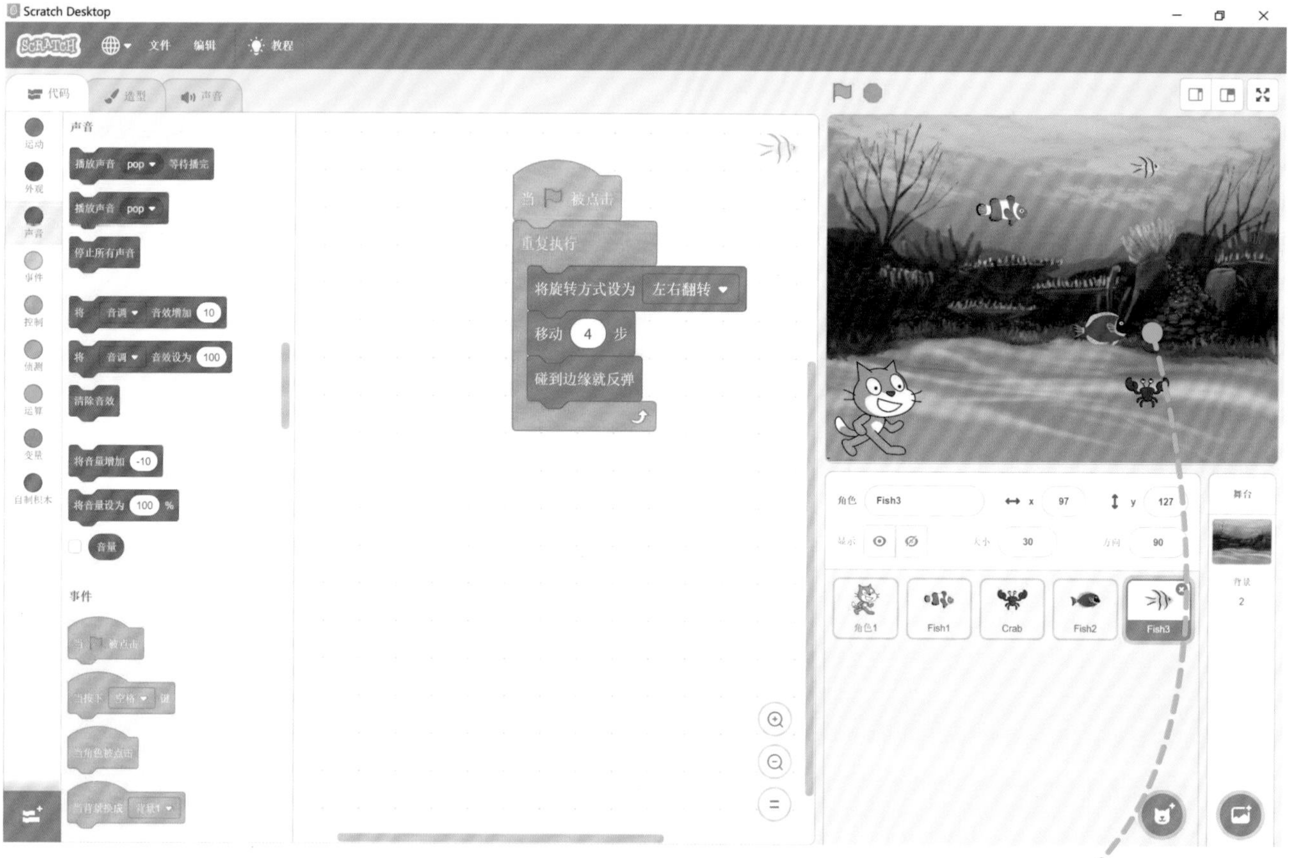

几条小鱼的动作都差不多，所以可以直接复制程序，然后再微调参数即可

小猴皮皮：好了，现在程序都编写好了，你看吧！

小鸟云云：小猴皮皮，你真厉害！

作业 HOMEWORK

让我们用录制功能，给小猫做一个“脱口秀”节目吧！

第九课

音乐家

小鸟云云：小猴皮皮，过两天是猴博士的生日，除了唱生日歌，我还想用 Scratch 3.0 给猴博士播放《小星星》歌曲。你能帮帮我吗？

小猴皮皮：《小星星》啊，这可是我们小时候猴博士教我们的第一首歌啊，好，交给我吧！

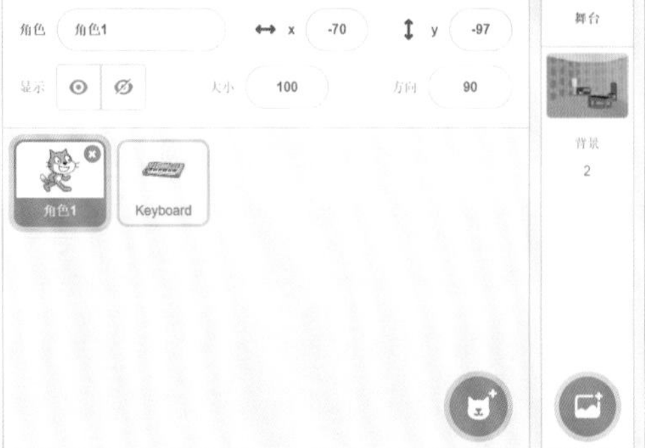

小猴皮皮：我们就让小猫帮我们弹钢琴吧。

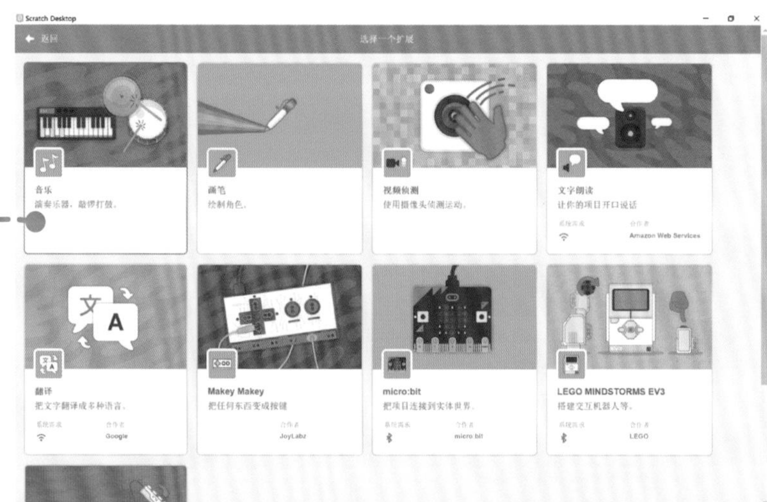

和 2.0 版不同，Scratch 3.0 版中音乐的程序从原有的“声音”模块中独立了出来，需要进行“添加扩展”操作，然后才能使用

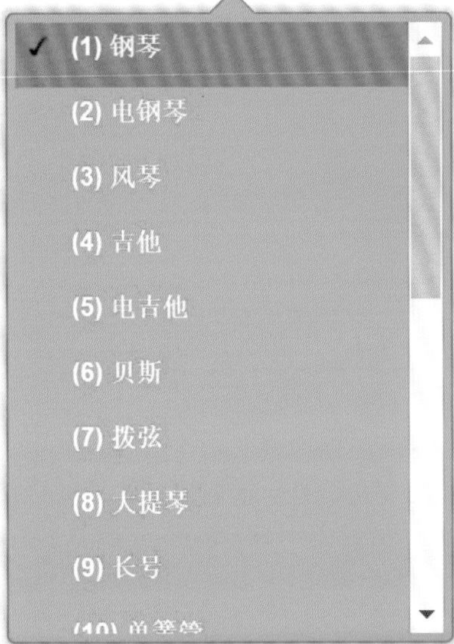

“将乐器设为××”可以设定音乐的类型。简单地说就是用什么乐器来演奏。

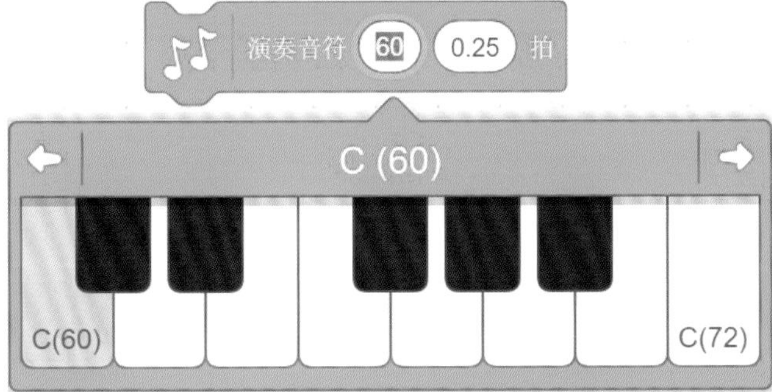

“演奏音符××××拍”命令可以指定演奏的音高和时间。

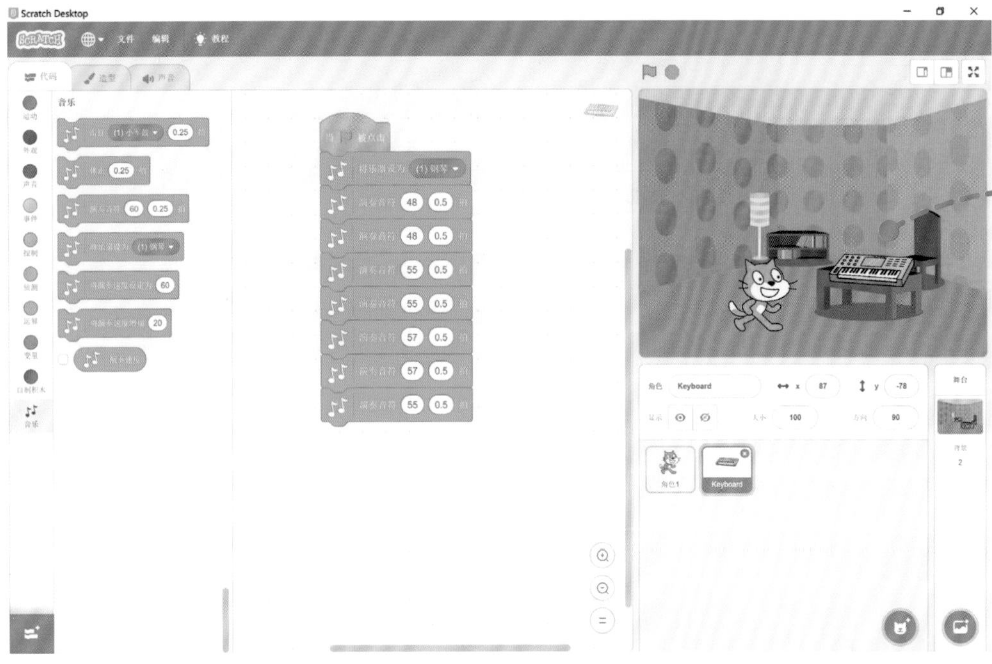

只需要按乐谱中音符的顺序，把演奏命令排列起来就行了

小猴皮皮：我们给小猫再配上歌词。

小鸟云云：太好了！不过，我觉得唱得有点儿慢啊！

小猴皮皮：没关系，我们来调整一下速度。

将演奏速度设定为 60

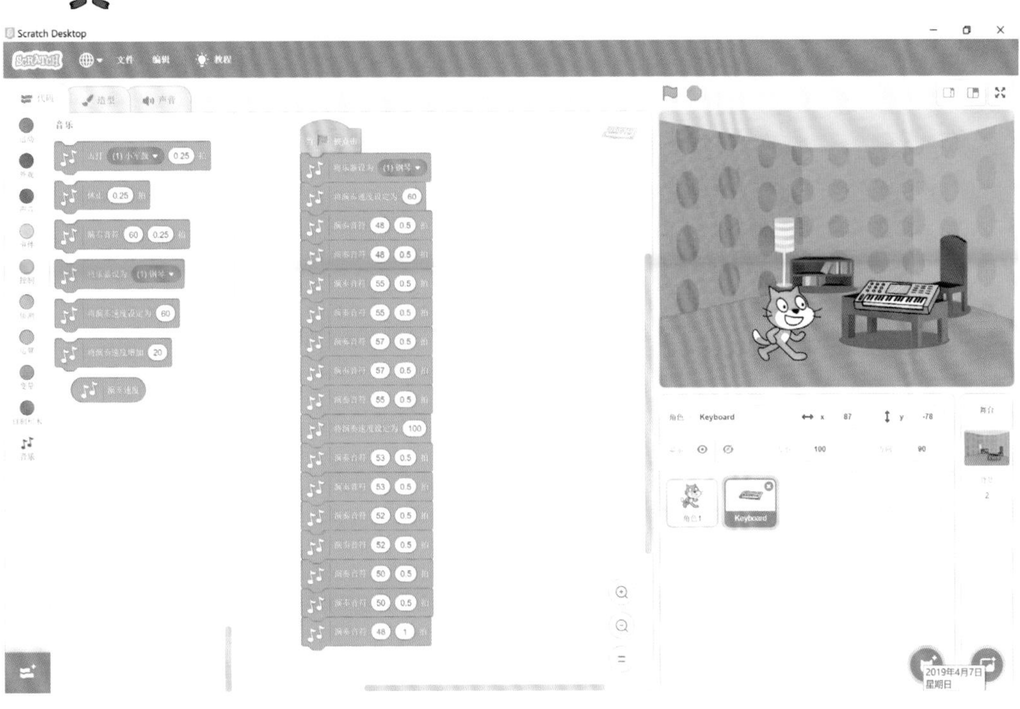

"将演奏速度设定为××"命令能够控制演奏的快慢，数值越大越快，越小越慢。bpm 就是每分钟的拍数。

小猴皮皮：音量咱们还调吗？

小鸟云云：猴博士听力挺好的，我觉得不用调了。

“将演奏速度增加××”让曲子变快或者变慢，“将演奏速度设定为××”则将曲子快慢做具体设定。

“将音量增加××”可以增大或者减小音量，“将音量设为××%”可以把音量大小设定在某个数值。

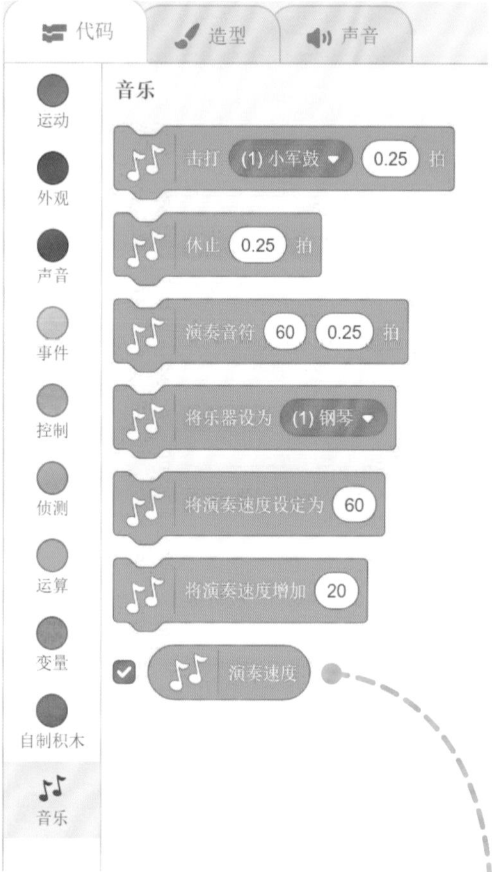

代码 造型 声音

运动 外观 声音 事件 控制 侦测 运算 变量 自制积木 音乐

音乐

击打 (1) 小军鼓 0.25 拍

休止 0.25 拍

演奏音符 60 0.25 拍

将乐器设为 (1) 钢琴

将演奏速度设定为 60

将演奏速度增加 20

演奏速度

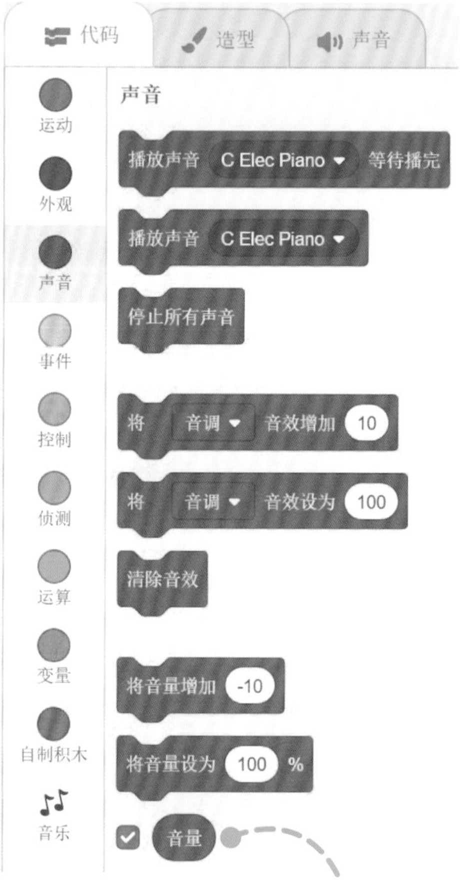

勾选后舞台上会显示当前演奏速度

代码 造型 声音

运动 外观 声音 事件 控制 侦测 运算 变量 自制积木 音乐

声音

播放声音 C Elec Piano 等待播完

播放声音 C Elec Piano

停止所有声音

将 音调 音效增加 10

将 音调 音效设为 100

清除音效

将音量增加 -10

将音量设为 100 %

音量

勾选后舞台上会显示当前音量

小猴皮皮：我们就把演奏速度设计成可调的吧。

小猴皮皮：这样就应该可以了。

小鸟云云：嗯。

小猴皮皮：我们再用Scratch 3.0给猴博士制作一个合唱节目吧，以前也是猴博士教我们合唱的。

小鸟云云：太好了！

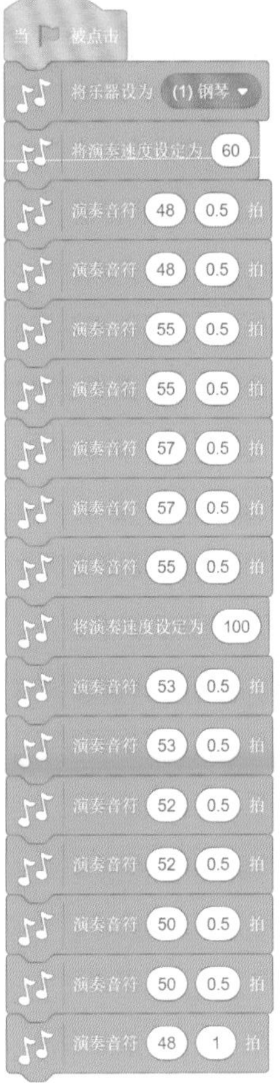

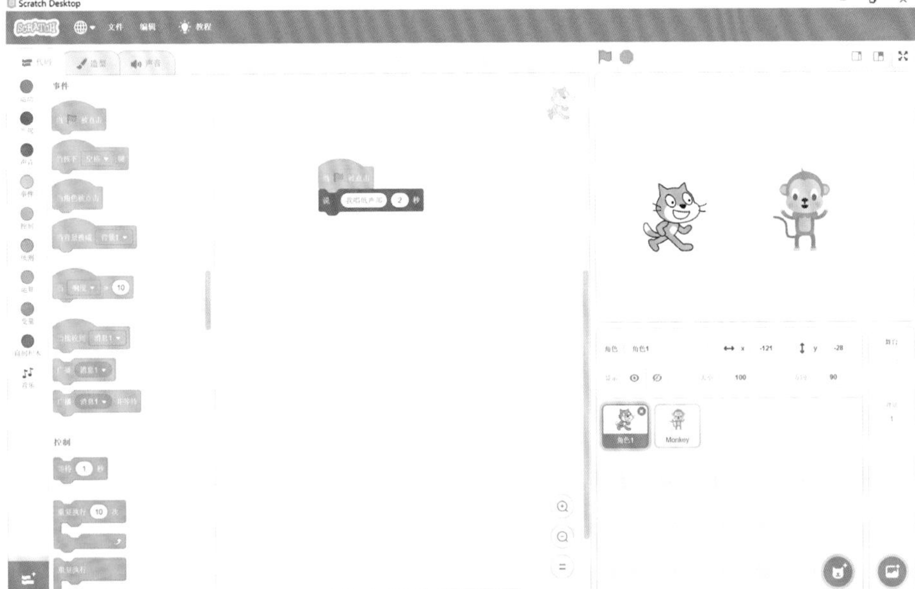

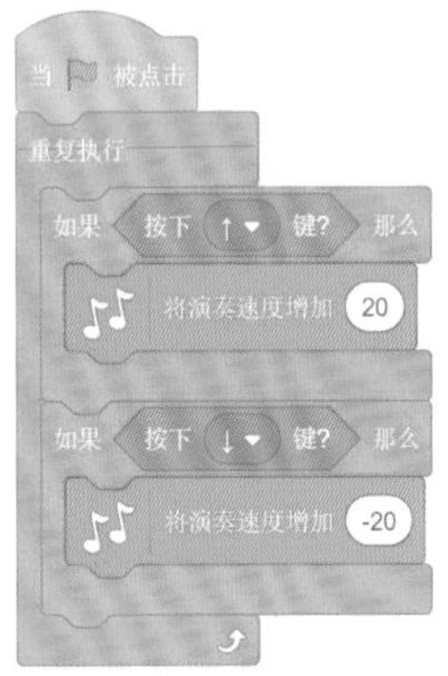

小猴皮皮：我们先导入两个角色，一个唱高音部，另一个唱低音部。

小猴皮皮：然后把它们各自的乐谱编入程序。

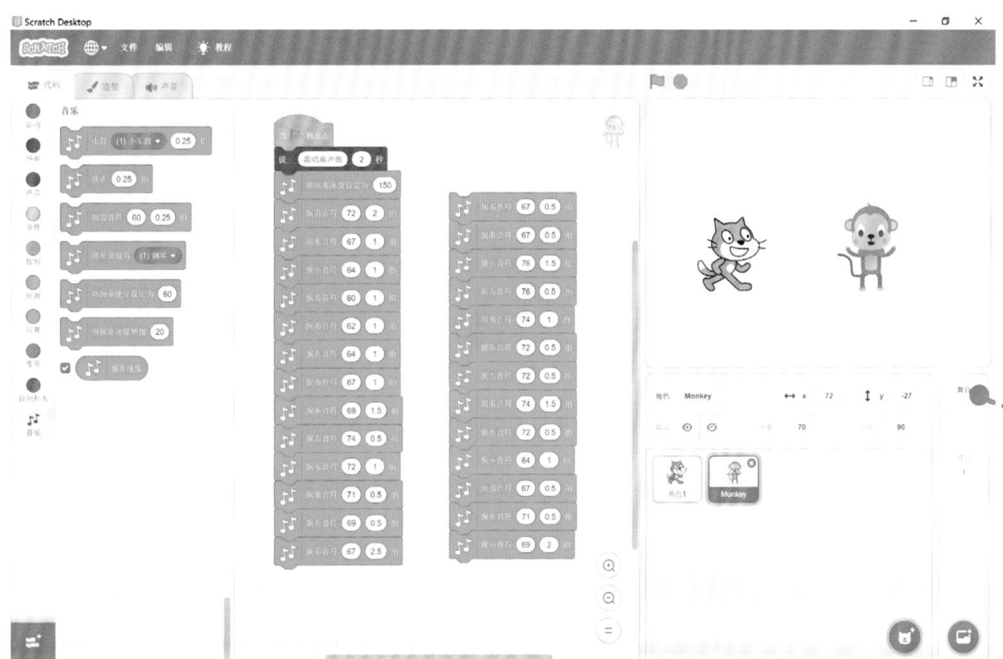

按照乐谱排列各音阶，控制演奏的时间即可

由于两个角色的声部的音阶数和节拍情况都相似，所以复制一下程序，然后改一下音阶就行了

小猴皮皮：这样，让两个角色同时演奏各自的音乐就能合唱了！

作业 HOMEWORK

让我们用音乐的命令给我们的《小猴新闻》作一个片头曲吧（可以仿照一下《新闻联播》哟）！

第十课

音乐合成

小鸟云云：小猴皮皮，上次猴博士过生日，你做的程序真好！

小猴皮皮：这不算什么，Scratch 3.0 也是猴博士教我的，其实 Scratch 3.0 编音乐有很多种效果。这两天我正想用 Scratch 3.0 来模拟一下手机铃声呢。

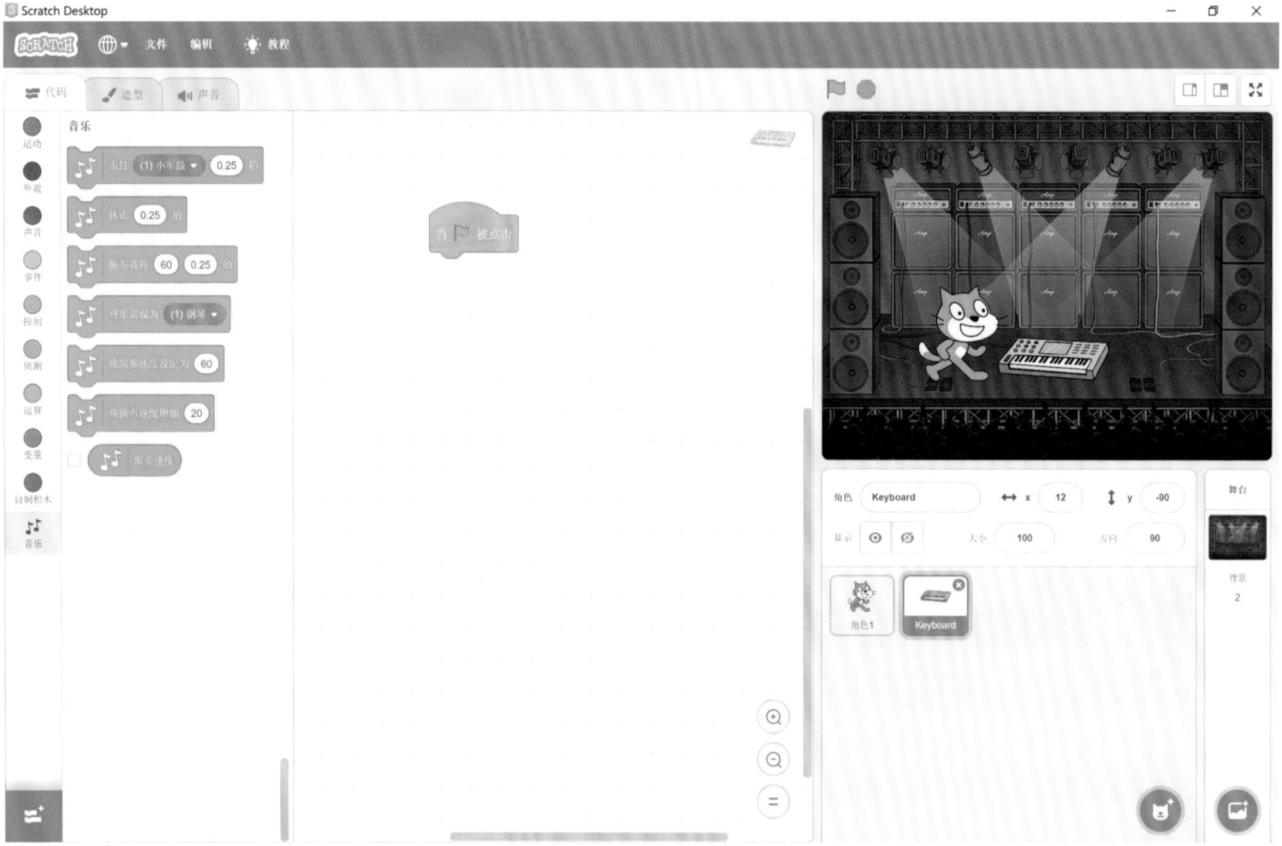

```
将乐器设为 (1) 钢琴
```

(13) 木长笛
(14) 巴松管
(15) 唱诗班
(16) 颤音琴
(17) 八音盒
(18) 钢鼓
(19) 马林巴琴
(20) 合成主音
(21) 合成柔音

我们以 iPhone 手机的马林巴曲为例，将乐器设为“马林巴琴”

```
当 ⚑ 被点击
将演奏速度设定为 100
将乐器设为 (19) 马林巴琴
演奏音符 64 0.5 拍
演奏音符 67 0.5 拍
演奏音符 67 0.5 拍
演奏音符 67 0.5 拍
演奏音符 62 0.25 拍
演奏音符 64 0.25 拍
演奏音符 62 0.25 拍
演奏音符 67 0.25 拍
演奏音符 64 0.25 拍
演奏音符 62 0.25 拍
演奏音符 67 0.25 拍
演奏音符 62 0.25 拍
```

```
当 ⚑ 被点击
将演奏速度设定为 100
将乐器设为 (19) 马林巴琴
演奏音符 64 0.5 拍
演奏音符 60 0.5 拍
演奏音符 67 0.5 拍
演奏音符 60 0.5 拍
演奏音符 67 0.25 拍
演奏音符 69 0.25 拍
演奏音符 67 0.25 拍
演奏音符 60 0.25 拍
演奏音符 69 0.25 拍
演奏音符 67 0.25 拍
演奏音符 60 0.25 拍
演奏音符 67 0.25 拍
```

手机的铃声是两个声部的，所以编写了两段音乐程序

小鸟云云：就模拟我的 iPhone 手机铃声吧！

小猴皮皮：好啊，让我们先把演奏乐器设定好。

小鸟云云：真不错！

小猴皮皮：小鸟云云，你知道 DJ 吗？

小鸟云云：知道啊，怎么了？

小猴皮皮：你想不想，用 Scratch 3.0 做混音，自己当回 DJ？

小鸟云云：好啊，要不你先演示一下？

小猴皮皮：来，看好了！

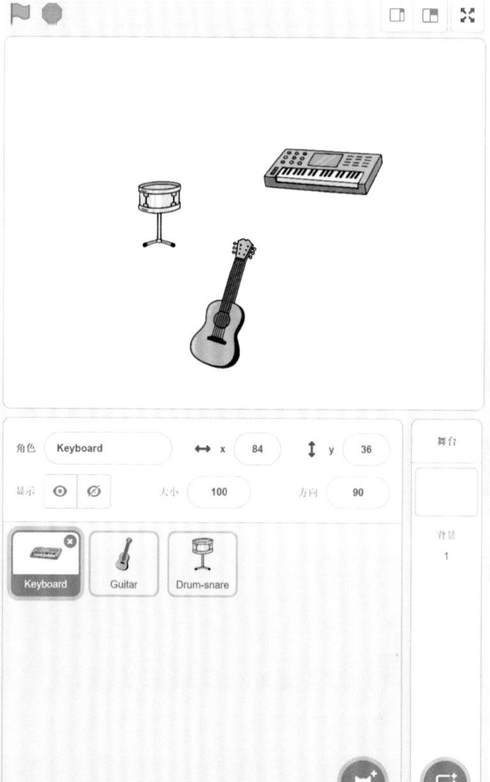

小猴皮皮：首先我们选定要用的乐器，然后添加角色。

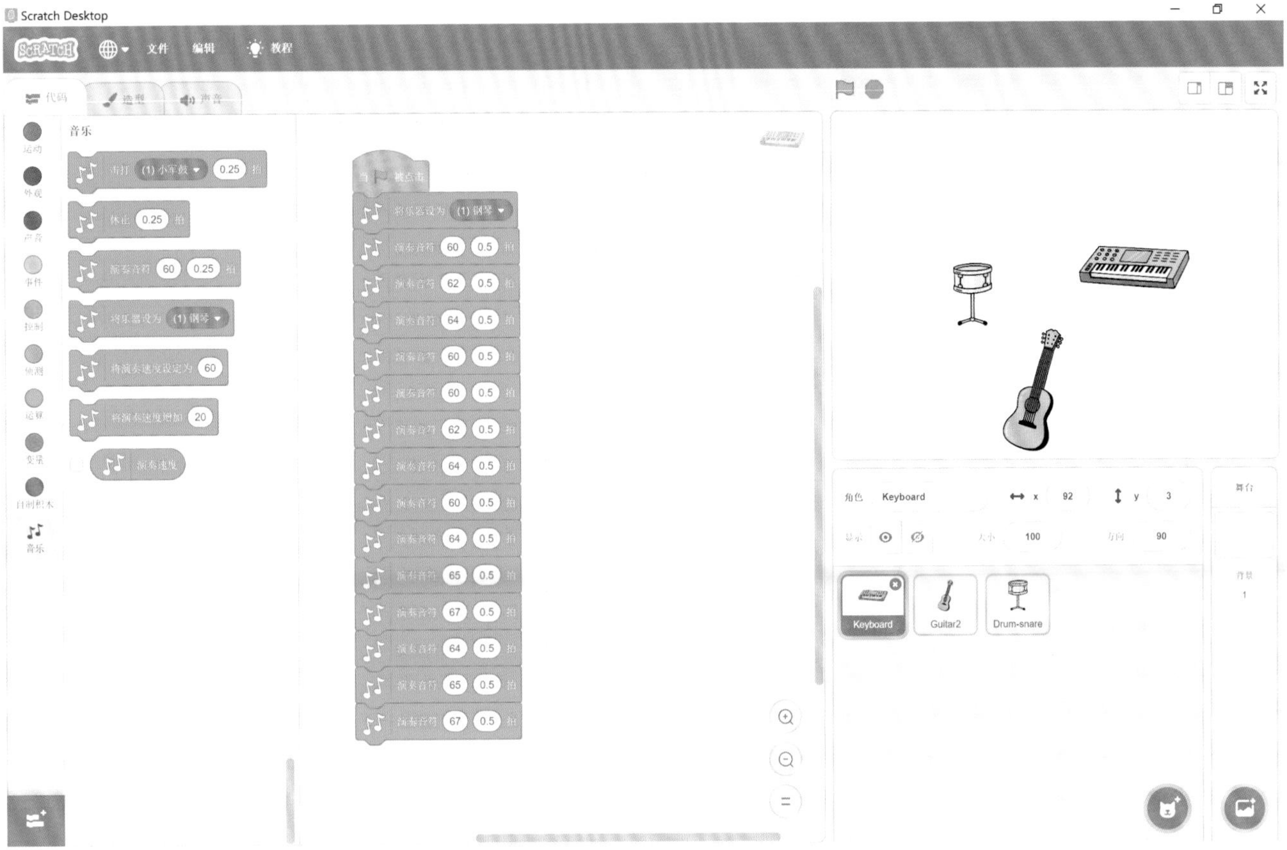

Scratch Desktop

当 🏳 被点击
将乐器设为 (1) 钢琴
演奏音符 60 0.5 拍
演奏音符 62 0.5 拍
演奏音符 64 0.5 拍
演奏音符 60 0.5 拍
演奏音符 60 0.5 拍
演奏音符 62 0.5 拍
演奏音符 64 0.5 拍
演奏音符 60 0.5 拍
演奏音符 64 0.5 拍
演奏音符 65 0.5 拍
演奏音符 67 0.5 拍
演奏音符 64 0.5 拍
演奏音符 65 0.5 拍
演奏音符 67 0.5 拍

Keyboard　Guitar2　Drum-snare

小猴皮皮：然后我们为每一件乐器编程。

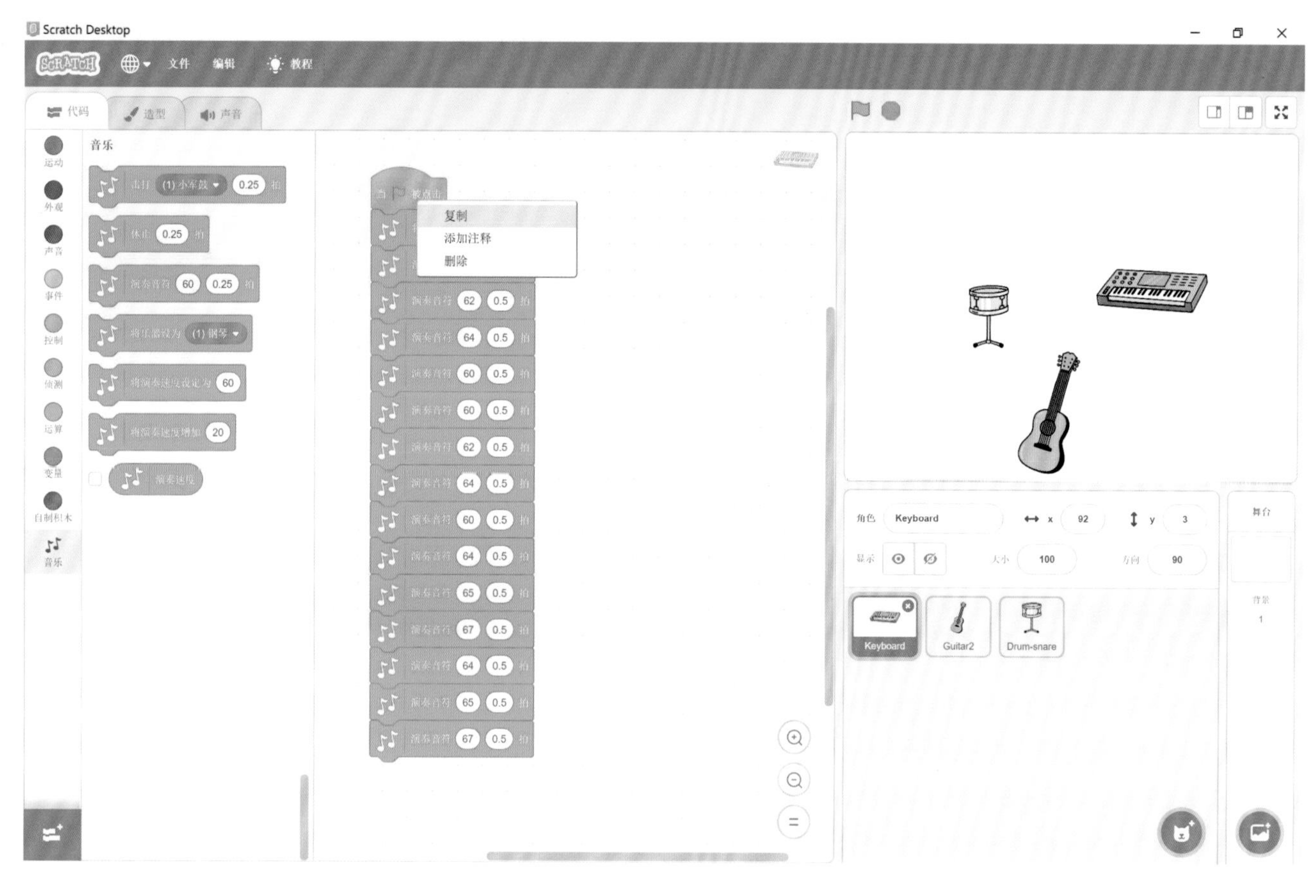

程序相似时我们可以直接复制程序，然后再微调，这样可以提高编程效率。

小猴皮皮：把程序复制给其他乐器。

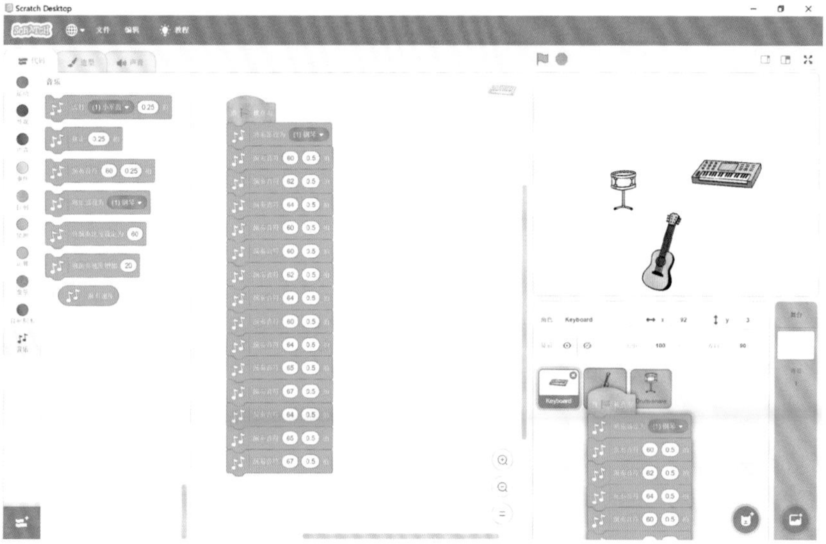

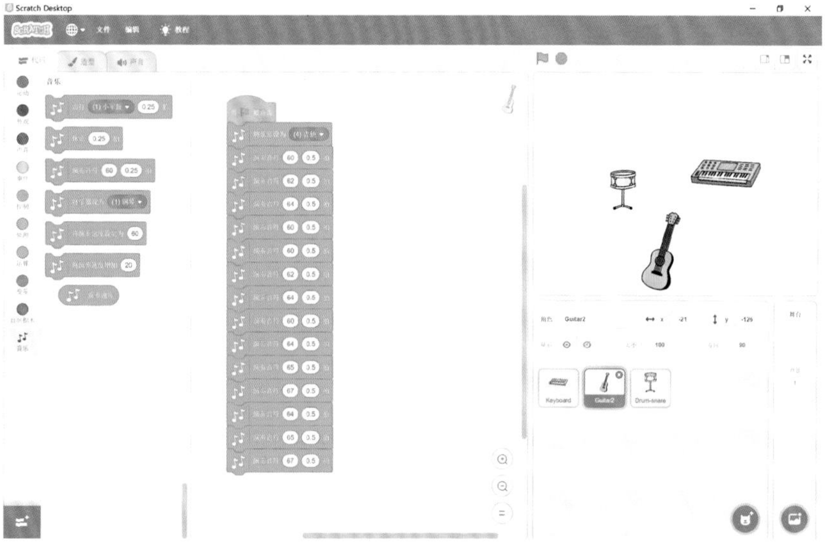

小猴皮皮：现在就可以演奏音乐了。

小猴皮皮：调整一下，让它们按顺序演奏，每件乐器演奏一段。

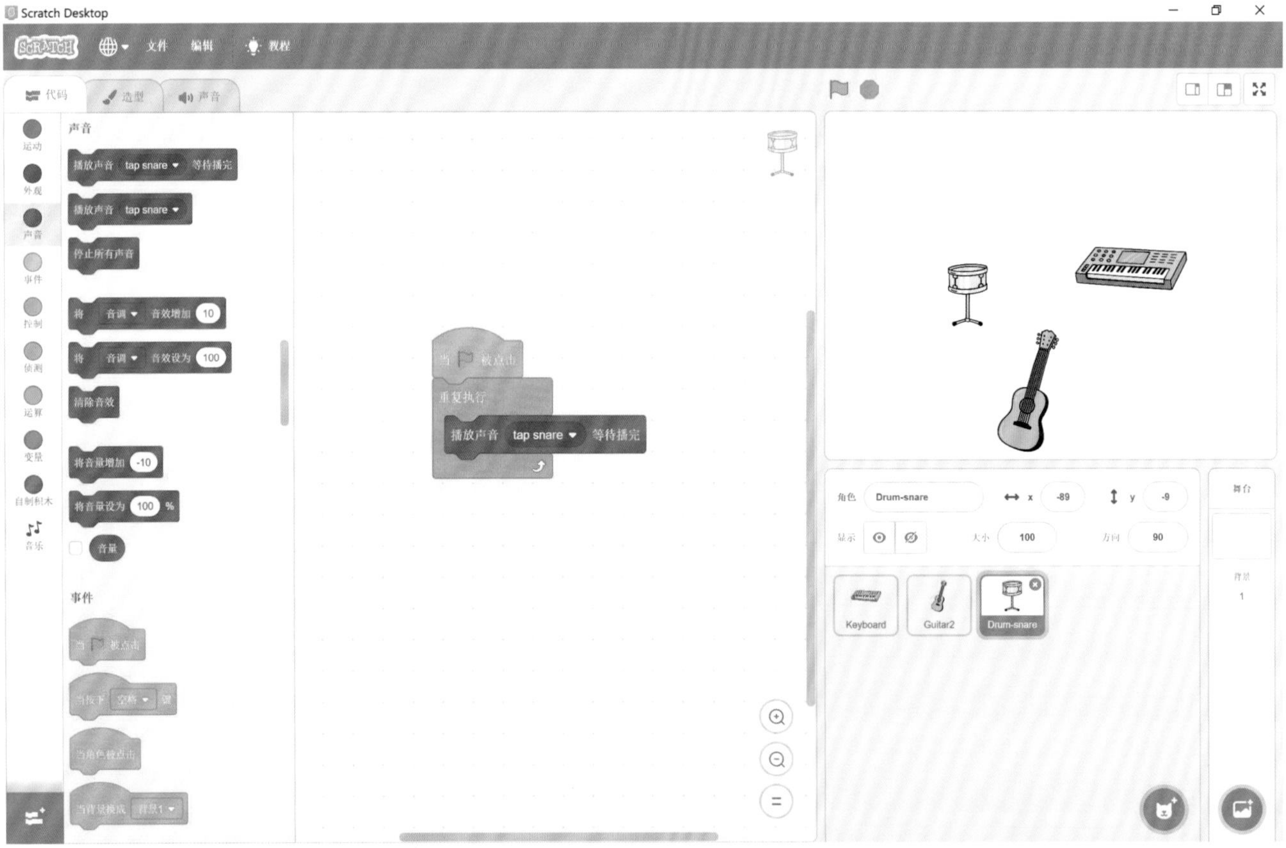

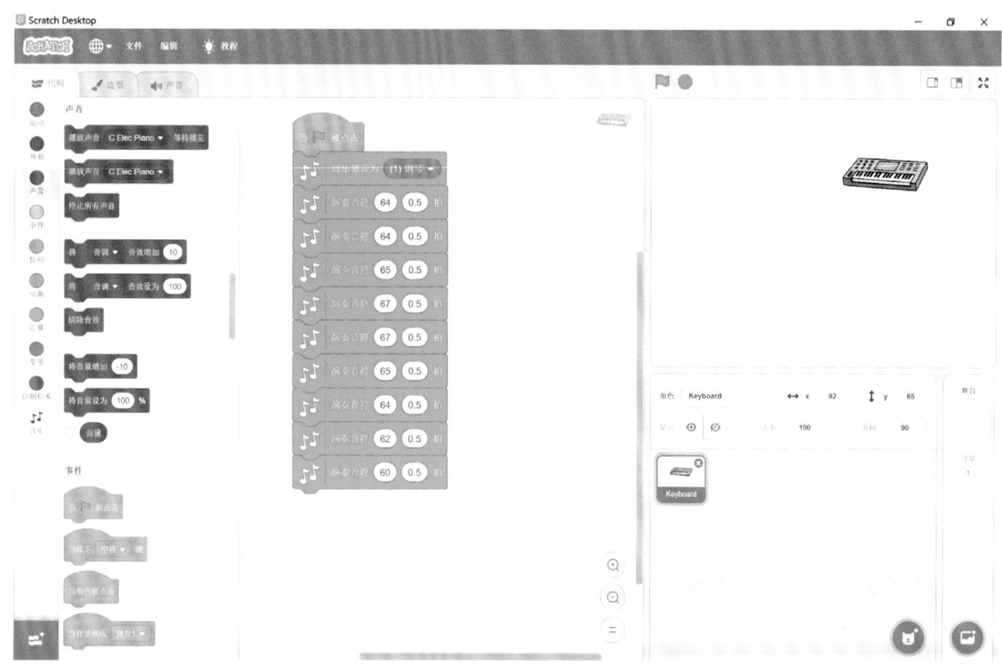

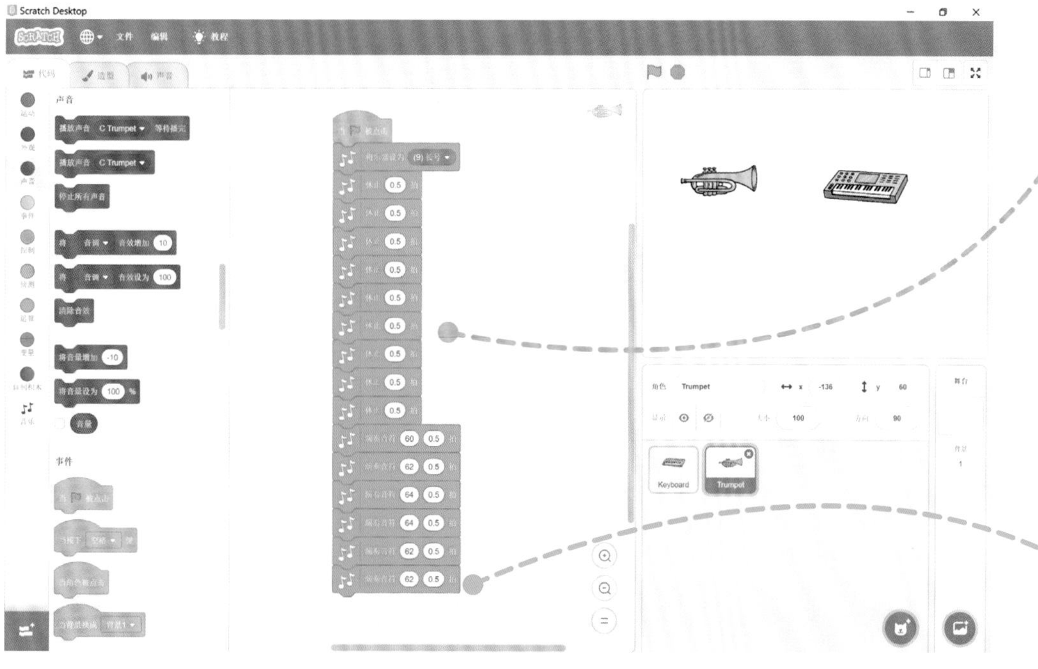

因为是按顺序依次演奏，所以在乐器不演奏时，应该让其空拍

复制程序把不演奏的音符用空拍代替，这样可以很快完成程序，但是程序量会比较大

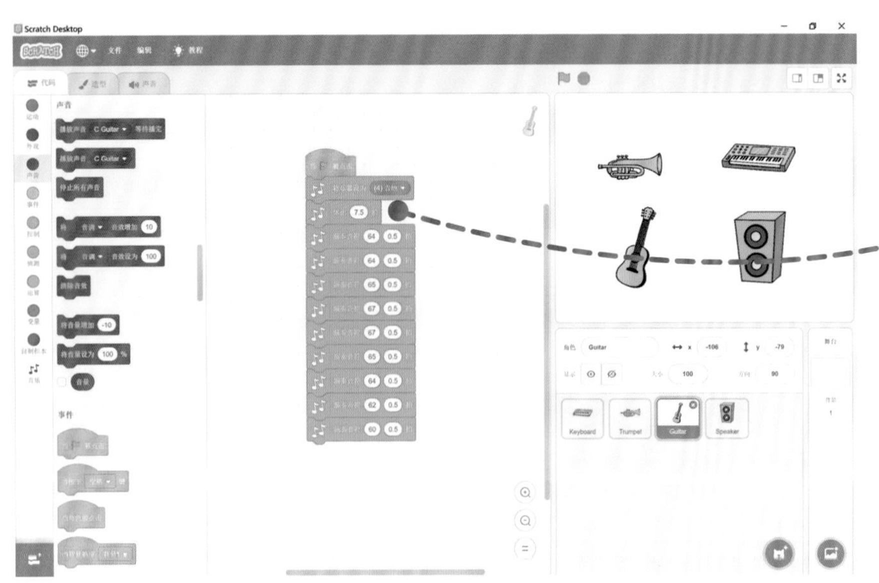

还可以计算出空拍总量，然后修改空拍参数，一条命令就行（要注意别算错哦）

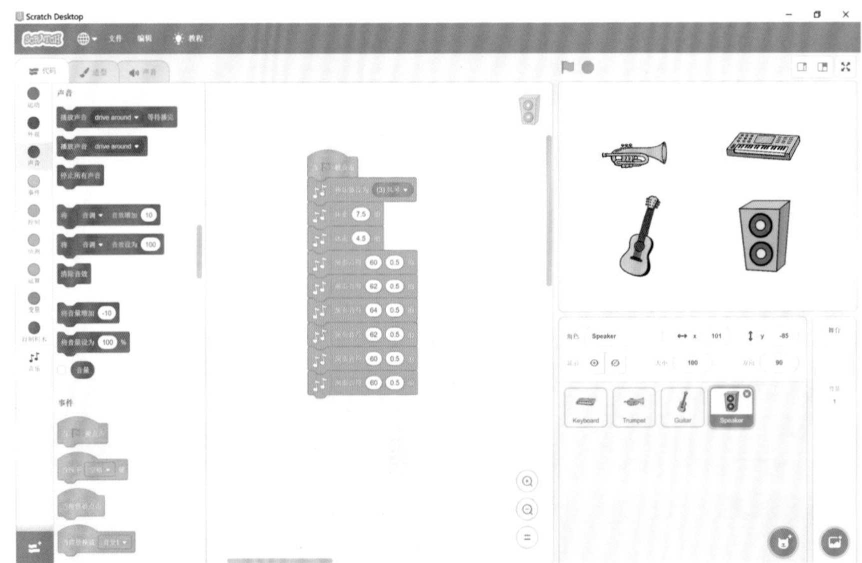

作业 HOMEWORK

请大家使用音乐的命令，再结合以前的命令，制作一个节水宣传片吧。

小猴皮皮：现在就能够用一个乐器演奏一段音乐了。

第十一课 微电影

猴博士：小猴皮皮，听说你最近Scratch 3.0编程做得特别好，今天又打算做什么呢？

小猴皮皮：猴博士，我打算做一个Scratch 3.0微电影，现在正试着做场景呢。

猴博士：你现在是打算做一个什么场景呢？

小猴皮皮：我现在要做一个日出的场景。我先添加一个太阳的角色。

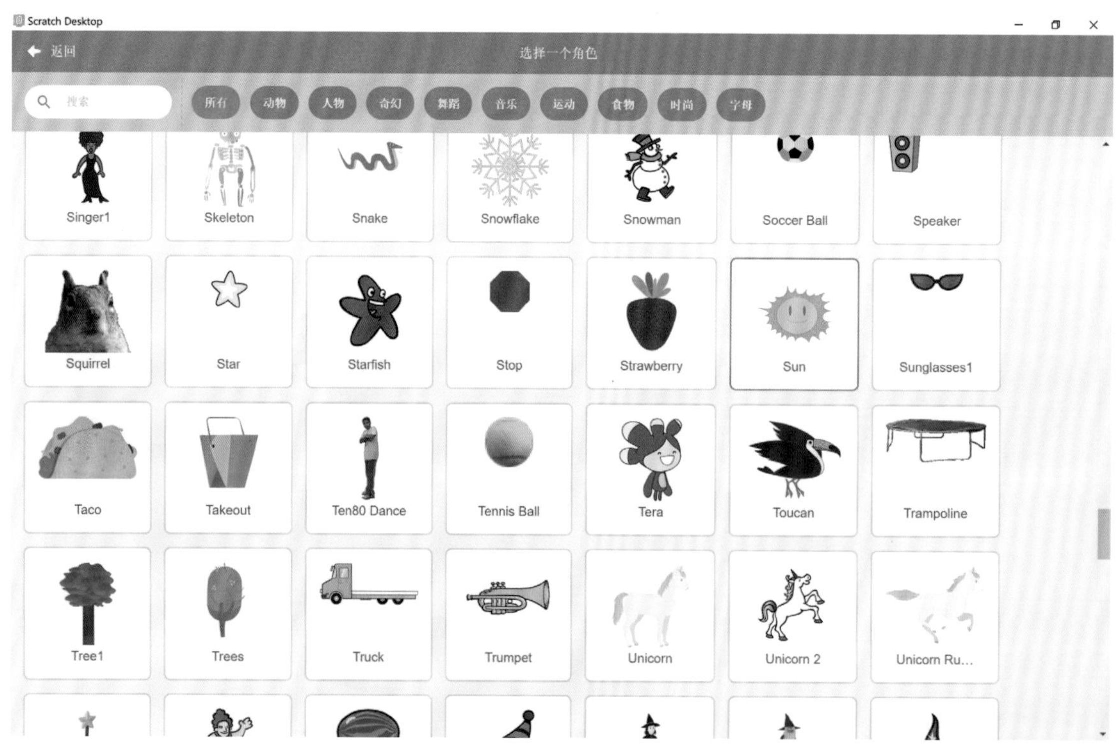

小猴皮皮：然后再画出大山的角色。让太阳从山后升起。

猴博士：要注意“层”的概念哦！

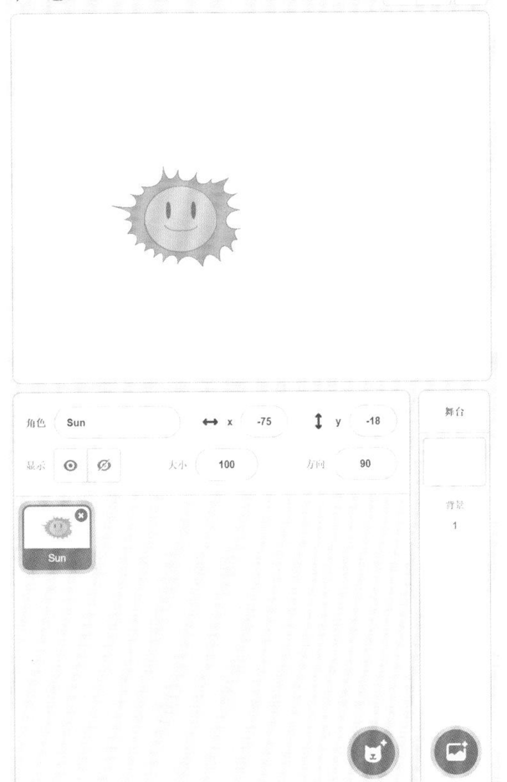

太阳从山后升起，需要单独制作出大山的角色。不能用有山的背景

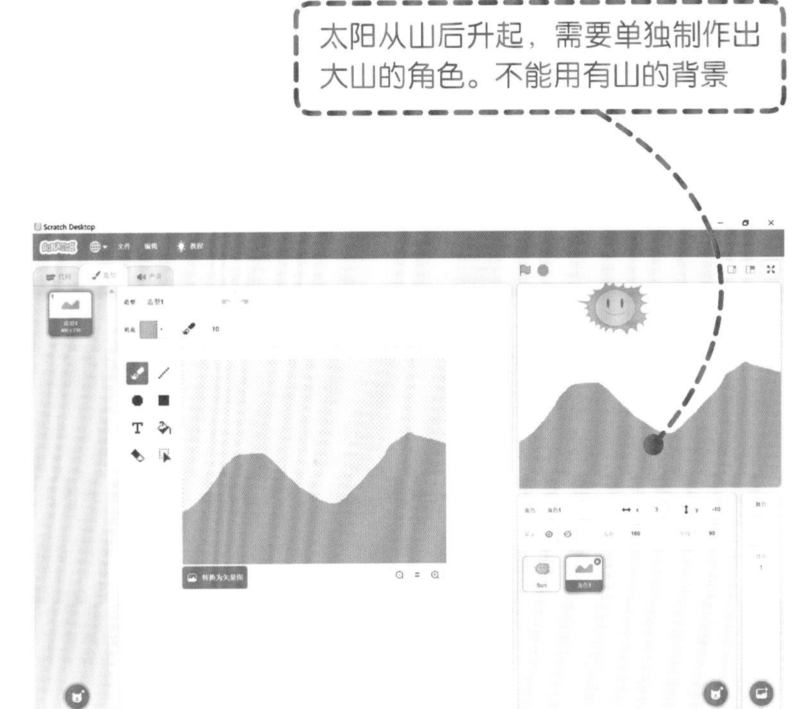

小猴皮皮：这个我已经想到了，我用前移命令就行。

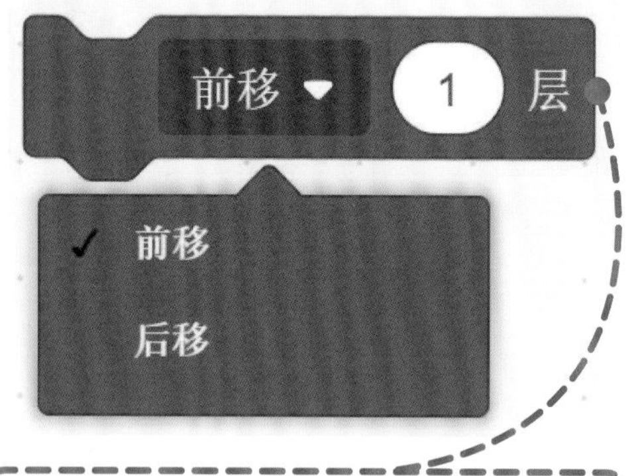

Scratch 3.0 中有图层的概念，角色就像是一张张纸摞在一起。有在上层的，也有在下层的。而背景是最后一层。

前移 1 层，保证太阳角色在大山角色后面

选择太阳升起后的位置

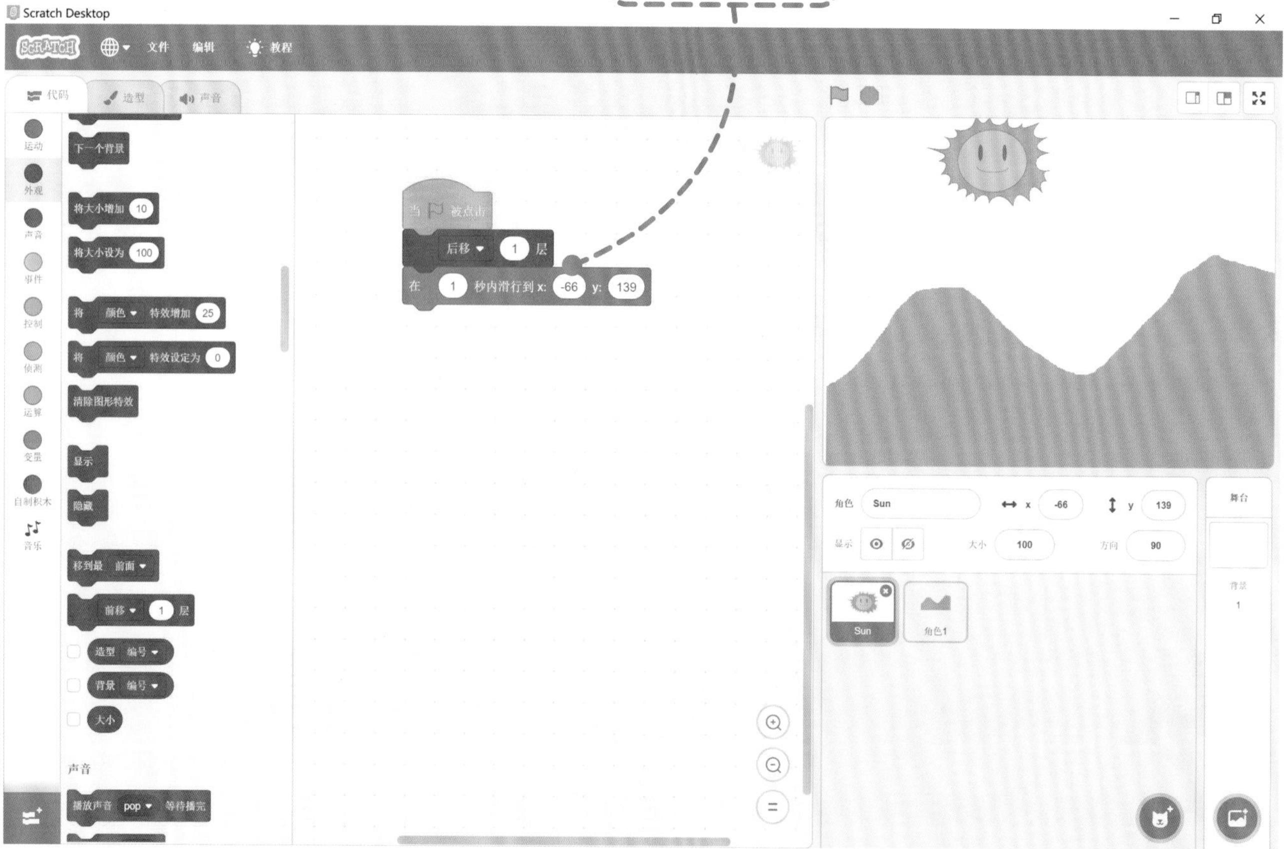

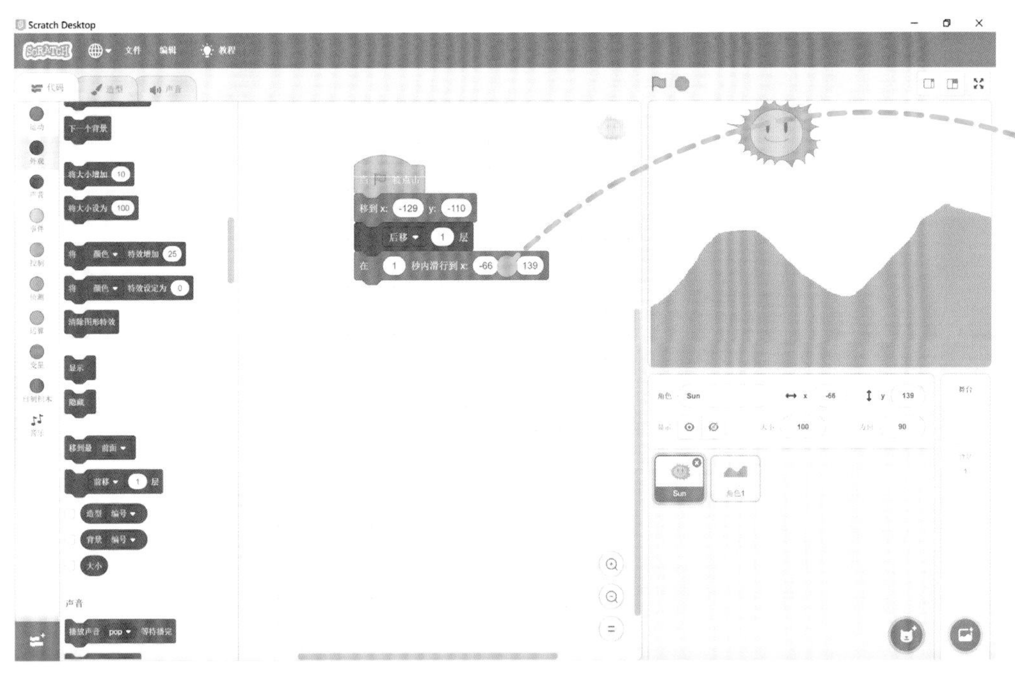

设定太阳的初始位置

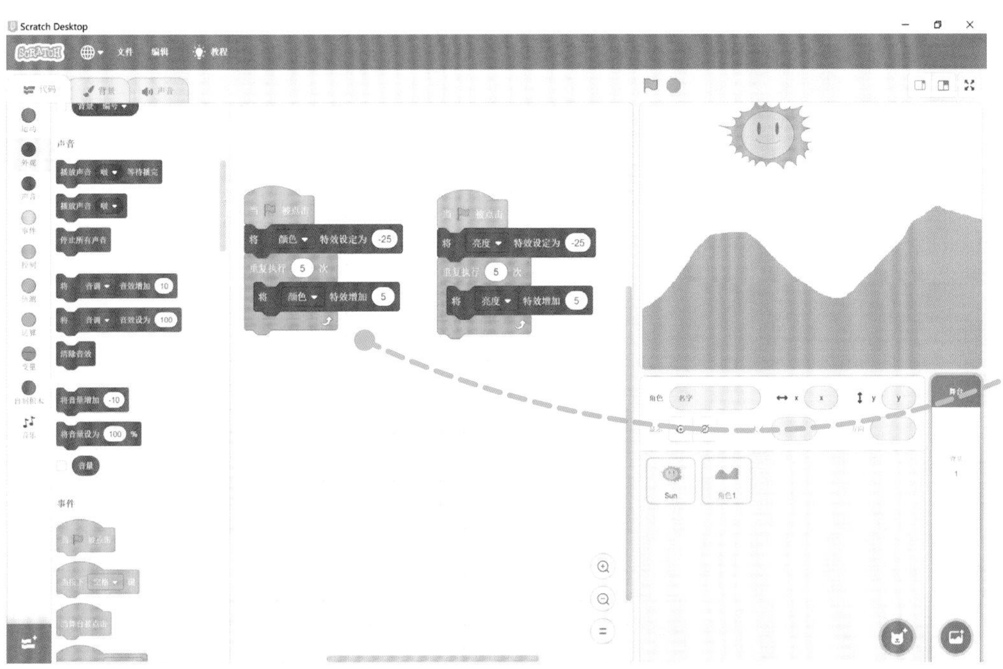

调整亮度和颜色特效，让日出更逼真

猴博士：设计得不错。不过在你编程之前先了解一些流程图的知识。

小猴皮皮：流程图是什么？

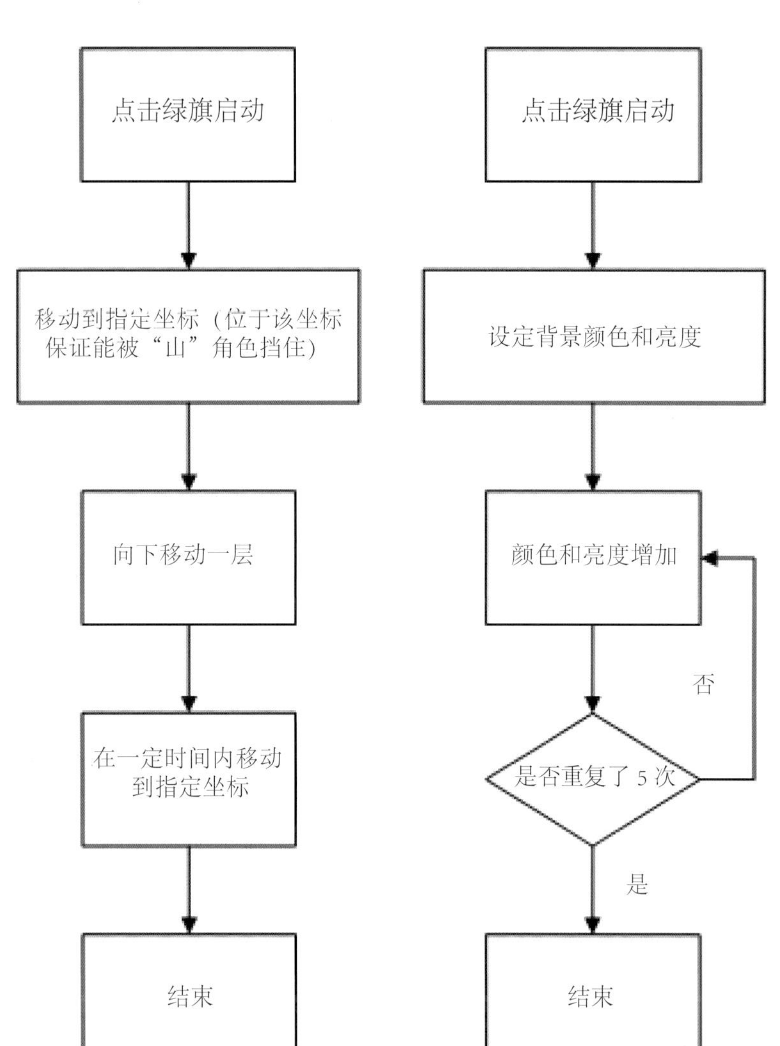

猴博士：简单地说，就是用图形表示你的程序是怎么工作的。

我们所说的流程图其实就是程序框图，是用图形的方式表示程序算法。

小猴皮皮：哦，是这样啊，原来这就是程序的流程图啊！

猴博士：你看，这就是顺序结构的流程图。除了顺序结构，循环结构也有流程图。

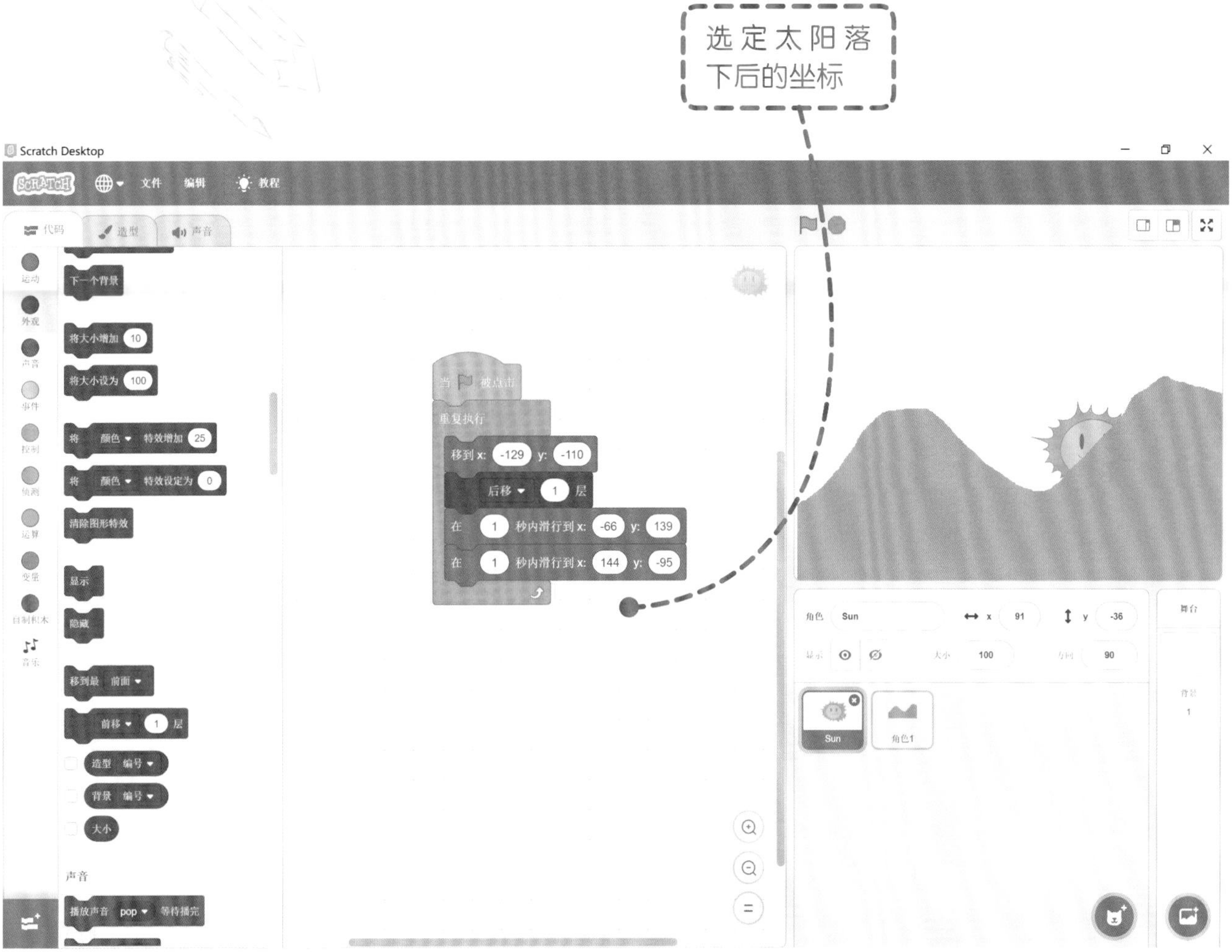

选定太阳落下后的坐标

当 🏁 被点击
重复执行
移到 x: -129 y: -110
后移 1 层
在 1 秒内滑行到 x: -66 y: 139
在 1 秒内滑行到 x: 144 y: -95

猴博士：日出做好了，我们把日落也做好吧，这样就能模拟一天的自然变化了。

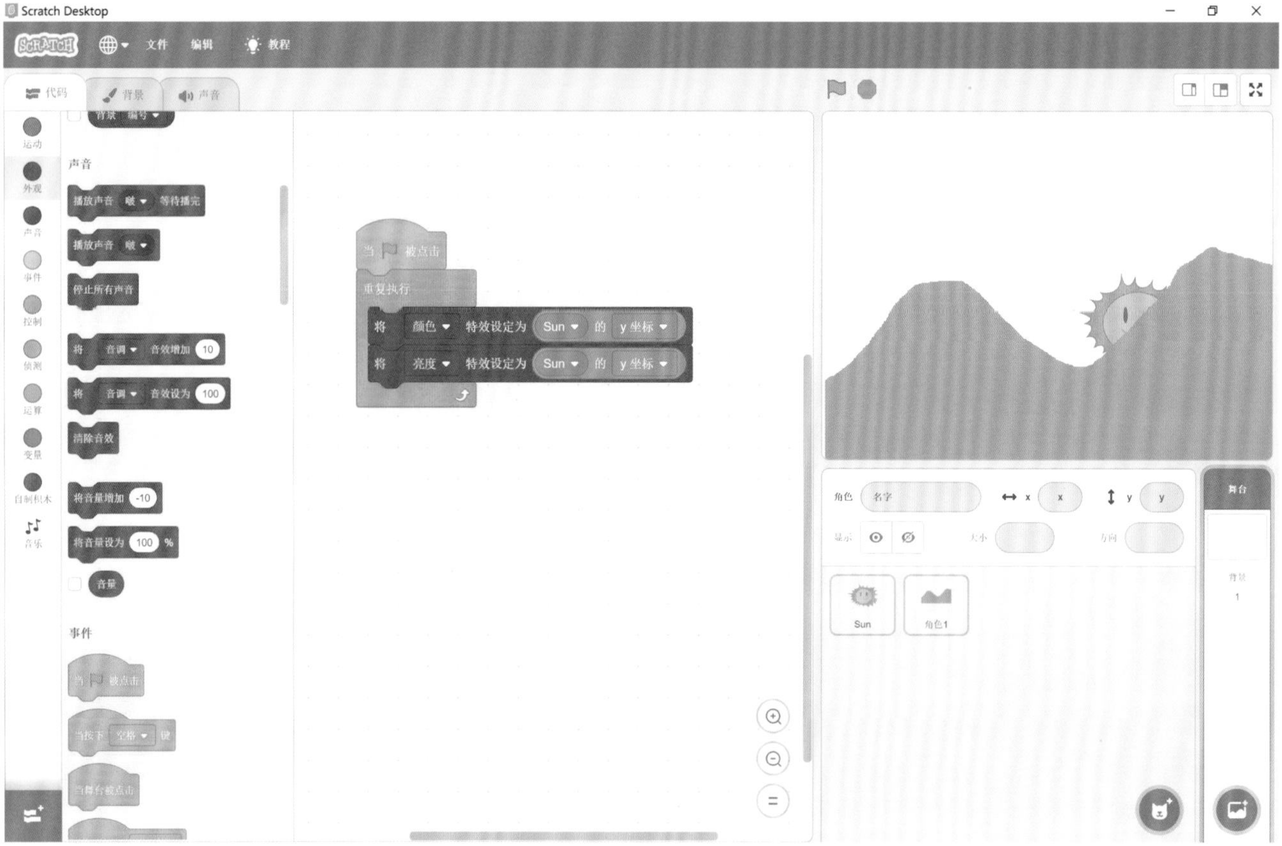

Scratch Desktop

当 🏴 被点击
重复执行
将 颜色 特效设定为 Sun 的 y 坐标
将 亮度 特效设定为 Sun 的 y 坐标

猴博士：然后我们再调整一下背景的亮度和颜色，让背景看起来更逼真。

猴博士：这就是循环结构的流程图。

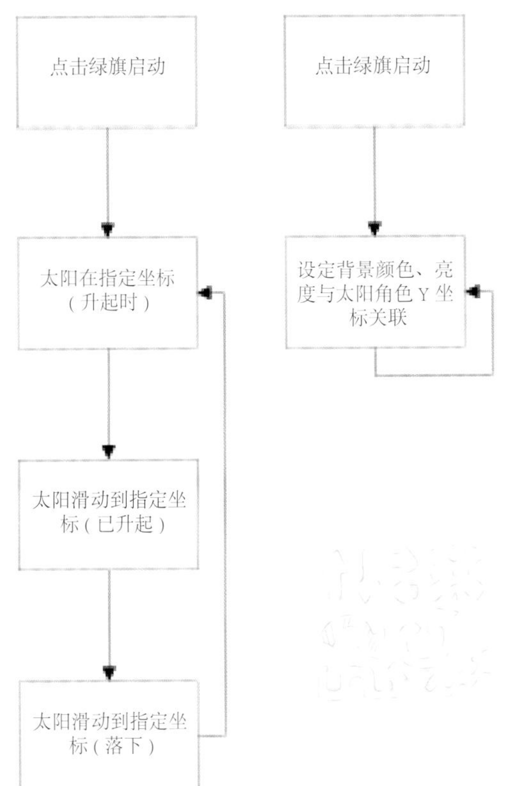

猴博士：首先添加一个冬天的背景。然后添加雪花。

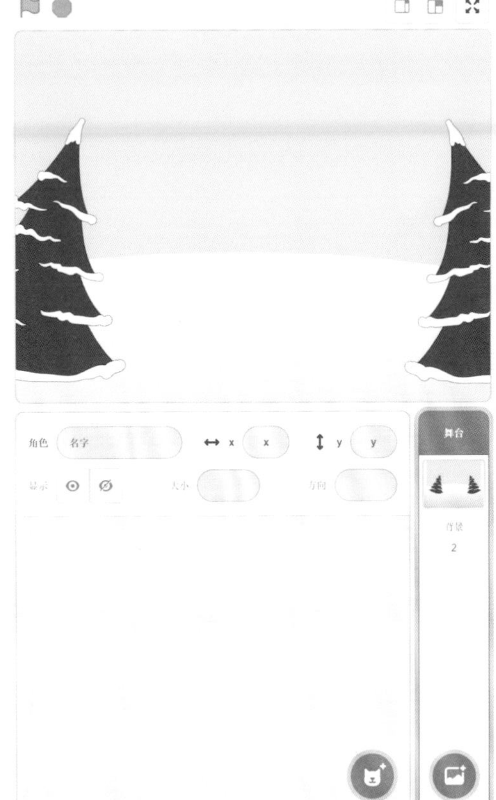

小猴皮皮：原来是这样啊，猴博士，让我试试，我也来做一个。我就做一个冬天下雪的程序和流程图。

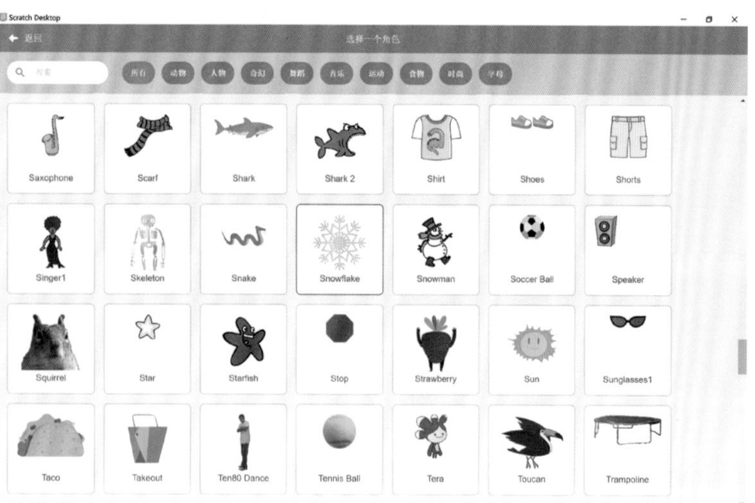

猴博士：我们首先把雪花的程序编写好，然后复制。

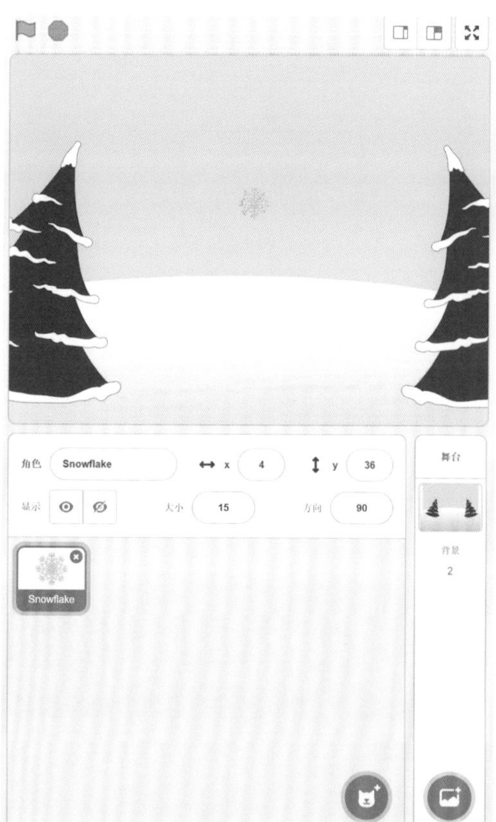

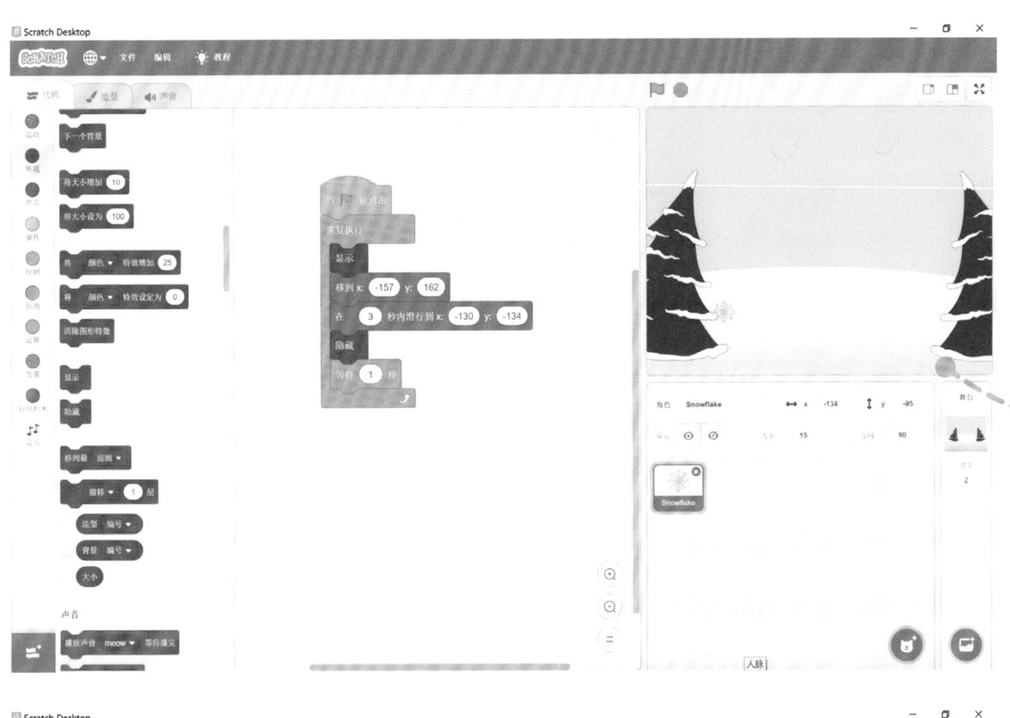

确定好初始位置和落点位置，使用“滑动”命令让角色移动

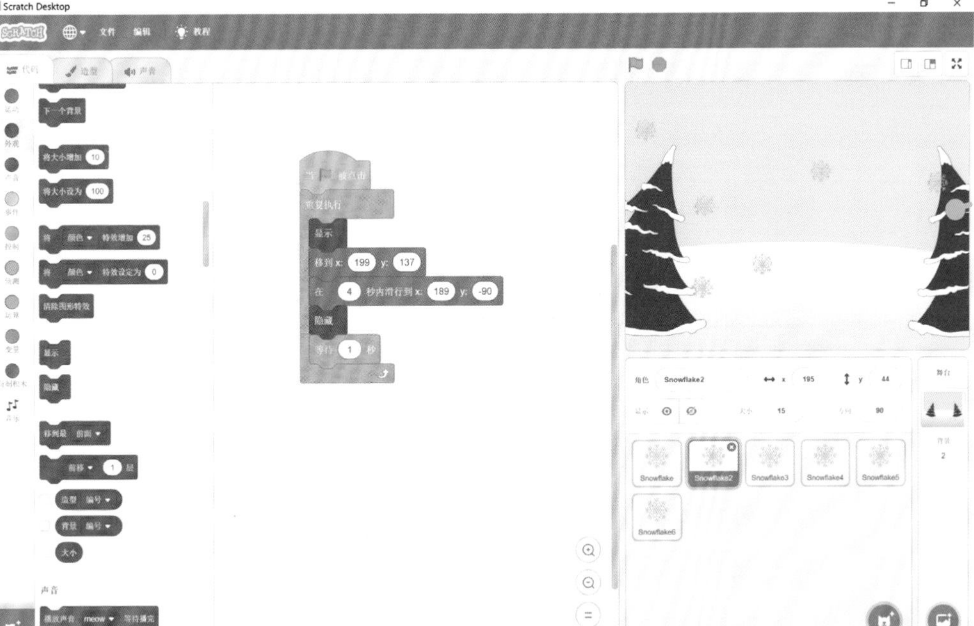

直接复制角色，然后调整参数即可

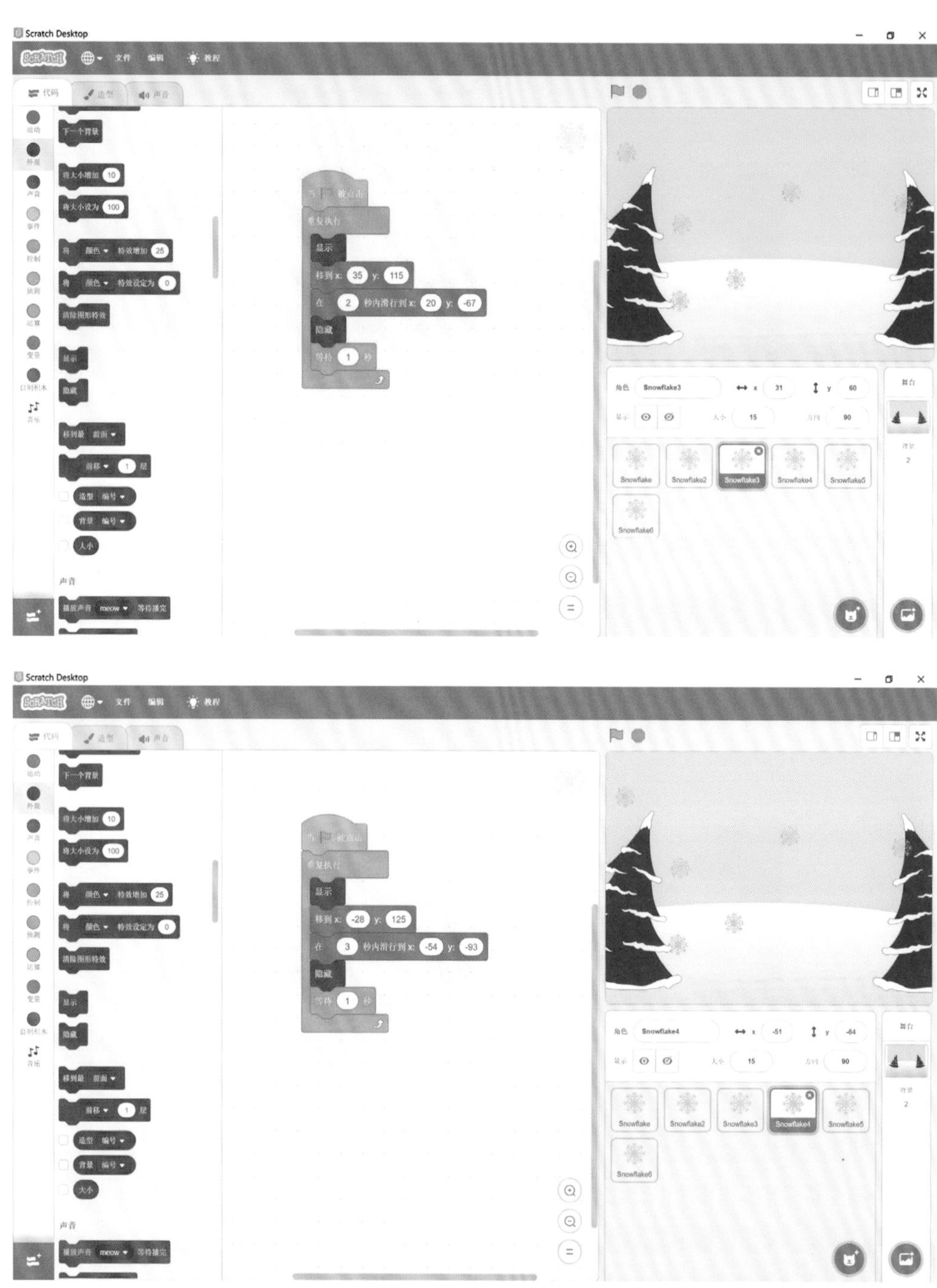

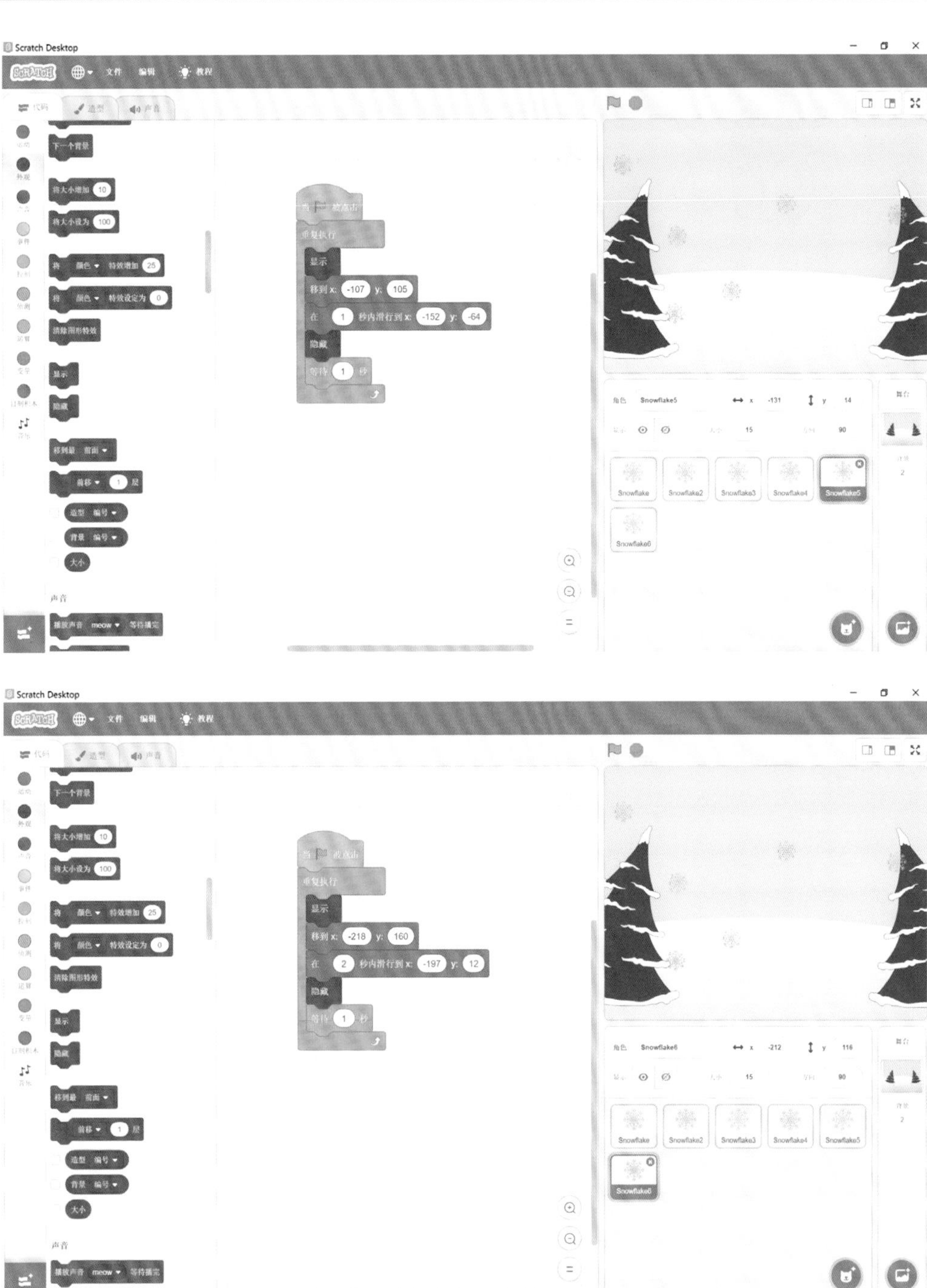

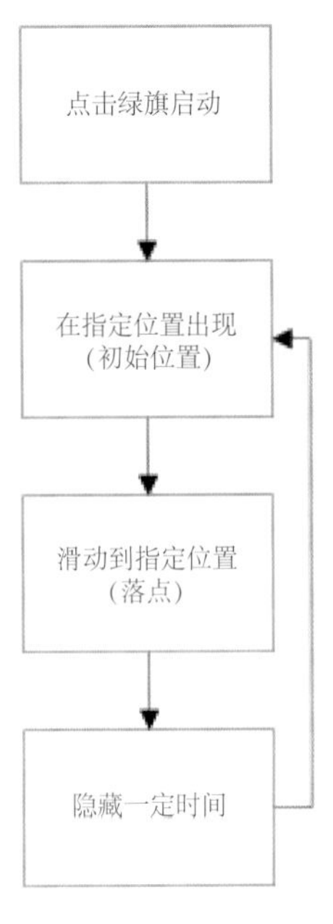

猴博士：不错，你现在做得越来越好了。

小猴皮皮：猴博士，您看我画的对吗？

猴博士：对，很好！

作业 HOMEWORK

请大家帮助小猴皮皮，帮它设计一个季节变化的微电影吧。

第十二课

小画家

猴博士：小猴皮皮，Scratch 3.0中的画笔功能你试了吗？

小猴皮皮：还没有呢，要不您直接教我吧，猴博士！

猴博士：好吧，我就教教你Scratch 3.0的画笔功能。

猴博士：画笔功能是要使用“添加扩展”功能，才能实现的。

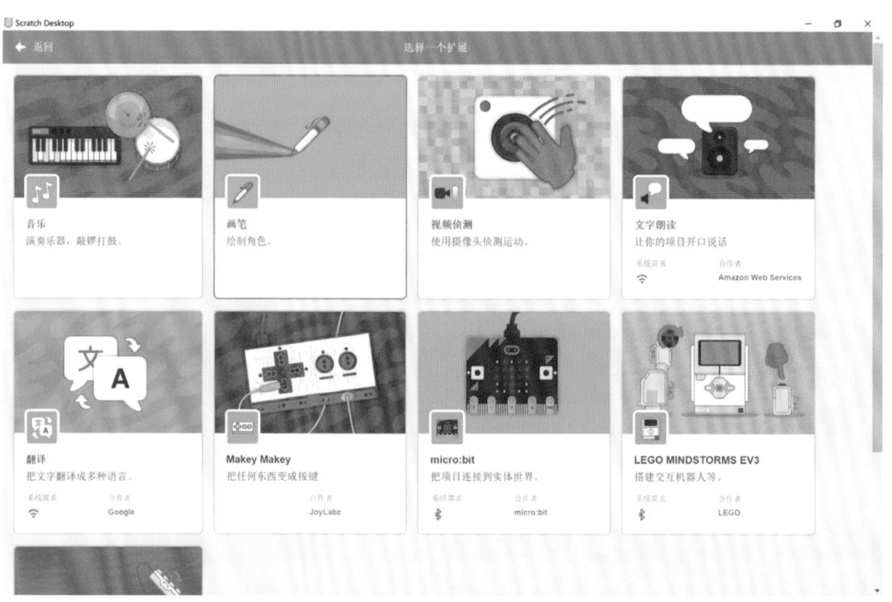

“落笔”“抬笔”和我们实际拿笔画画的概念是相同的。只有落下笔才能写字和画画。

只是落笔，是不能画出图案的，只有落笔了，然后再移动，这样才能画出线条

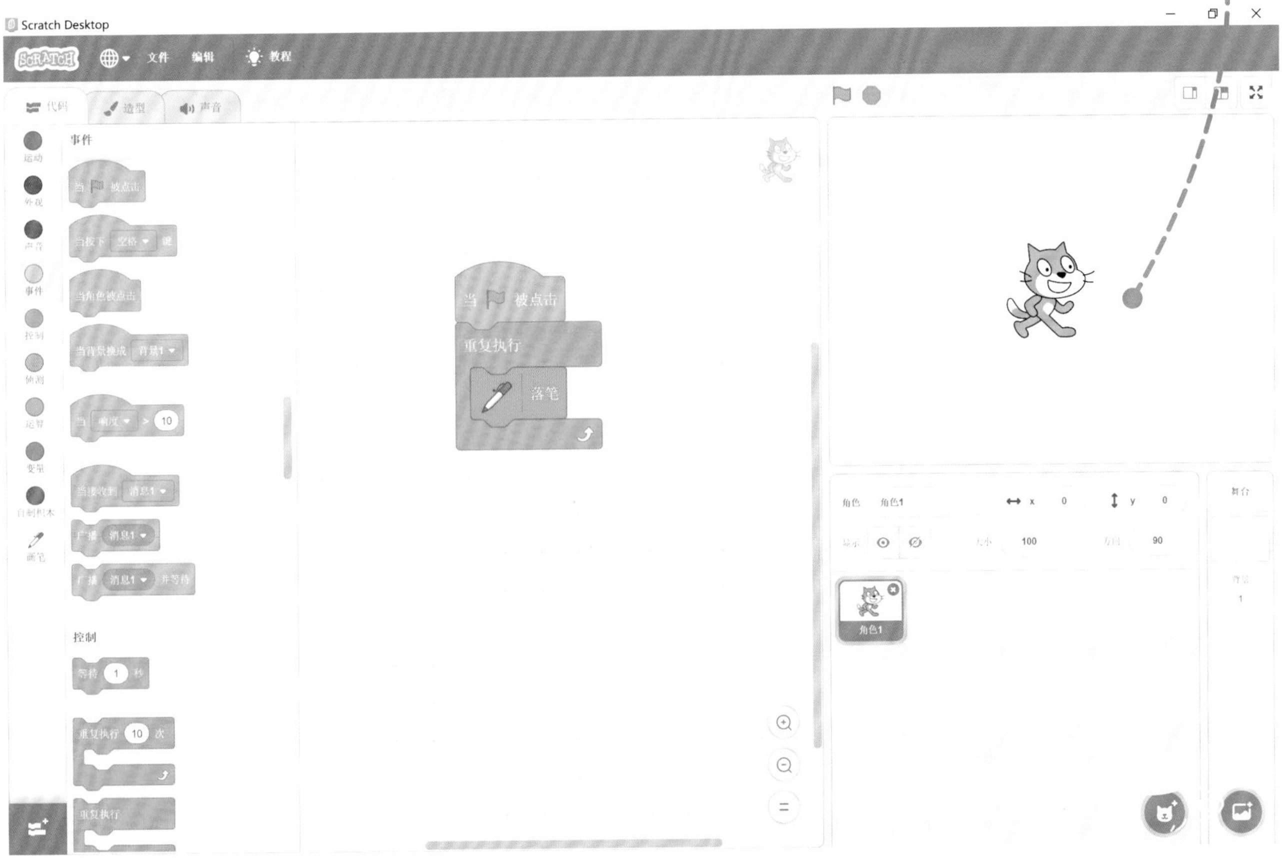

想画出图案，首先就要使用“落笔”和“抬笔”命令

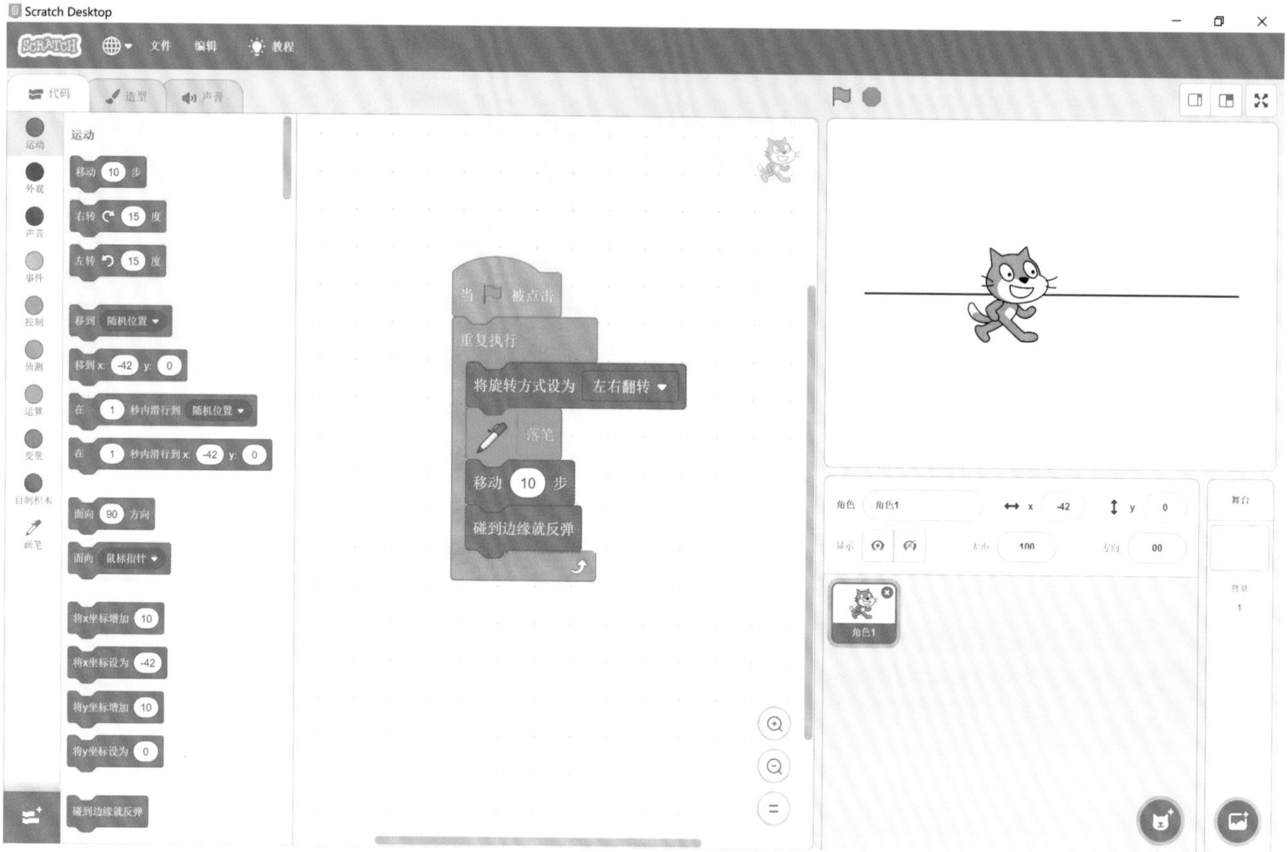

猴博士：小猴皮皮，你看，小猫到过的地方留下了“脚印”（一条直线）。

小猴皮皮：看到了，是这样啊！猴博士，要是在这个程序中加入了“抬笔”命令会怎么样呢？

猴博士：这个问题提的好，你来看。

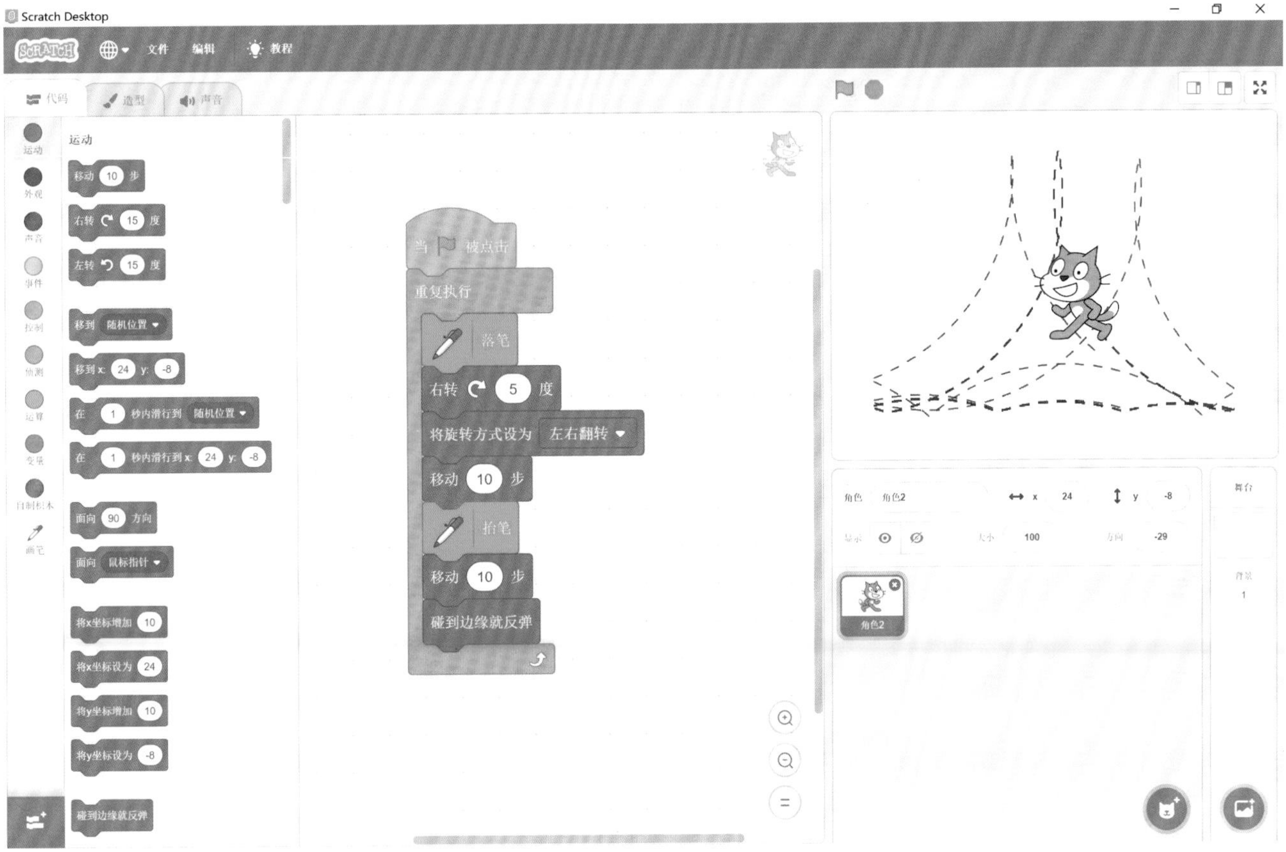

```
当 🏳 被点击
重复执行
    落笔
    右转 ↻ 5 度
    将旋转方式设为 左右翻转
    移动 10 步
    抬笔
    移动 10 步
    碰到边缘就反弹
```

小猴皮皮：哦，原来这样就可以画虚线了！

小猴皮皮：对了，猴博士，用画笔功能可以做出鼠标轨迹的效果吗？

猴博士：当然可以了，你仔细看。

猴博士：首先我们添加一个小火箭的角色。

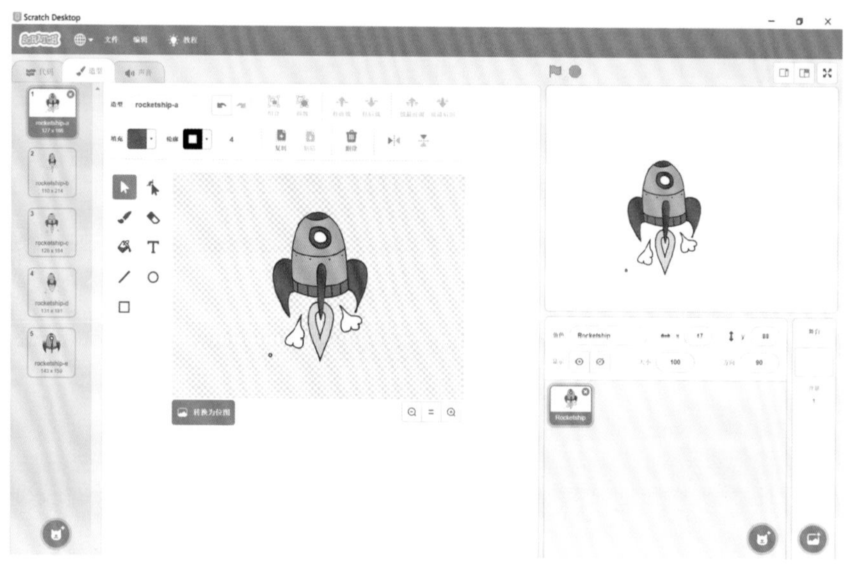

猴博士：火箭的造型比较多，我们让这些造型不断切换，做出动态效果。

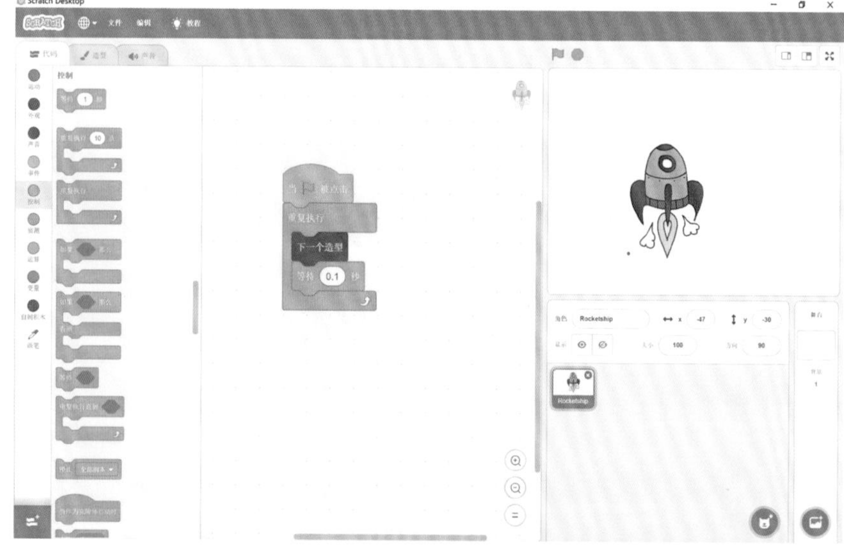

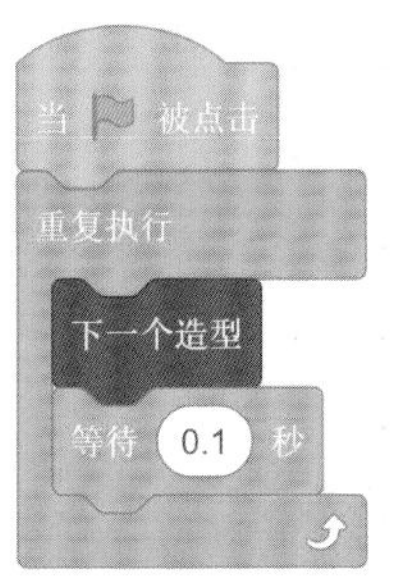

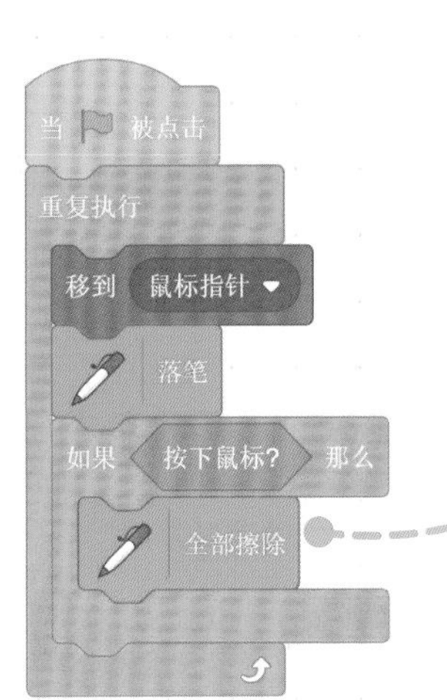

"全部擦除"命令，是把舞台中画笔留下的全部线条清除

图章命令其实就是一种复制命令，直接复制角色的外观。

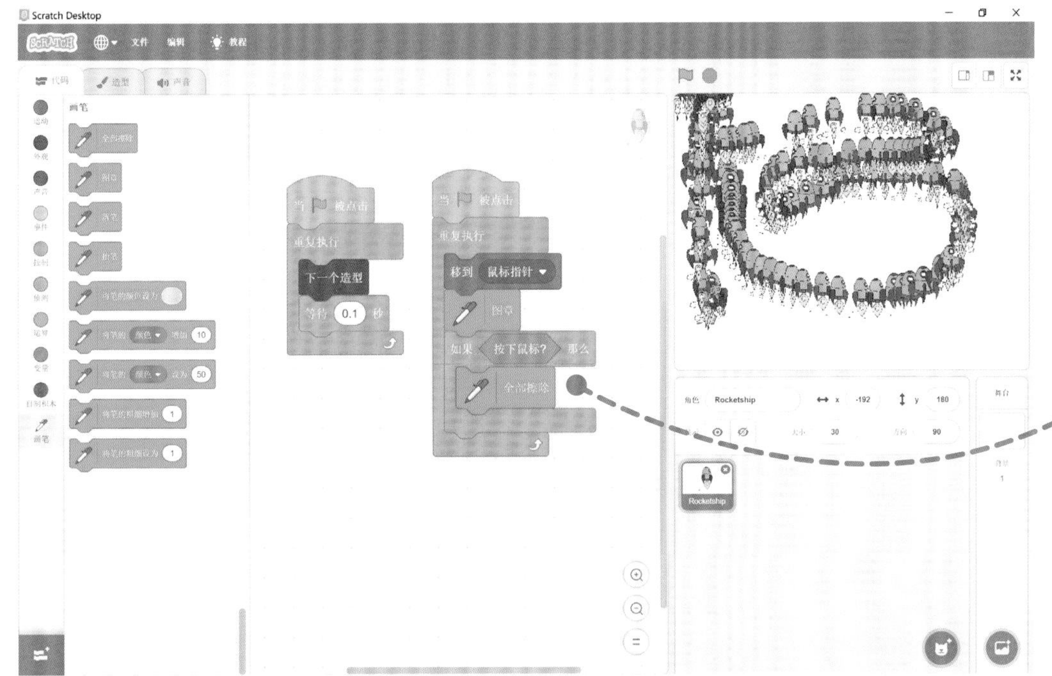

为防止轨迹过多、太乱，程序中引入的"全部擦除"命令，单击鼠标左键就能清空

猴博士：好了，现在鼠标轨迹就出来了。

小猴皮皮：猴博士，画笔颜色命令就是改变画笔颜色的吧？

猴博士：是的，但是要注意，有两个命令都可以设定颜色，但形式不一样。

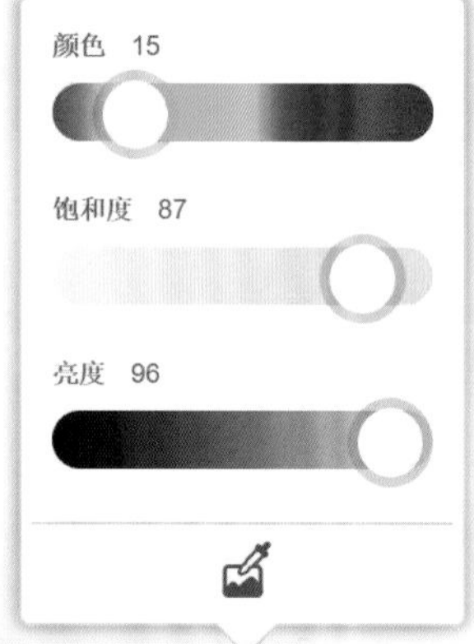

猴博士：现在，我们让小猫来画画。首先设定画笔的颜色和粗细。

设定画笔颜色命令有两个，一个直接选颜色，另一个填写数值。

“将笔的粗细设为 ××”命令，能够控制画出来的线条粗细数值越大越粗，反之越细。

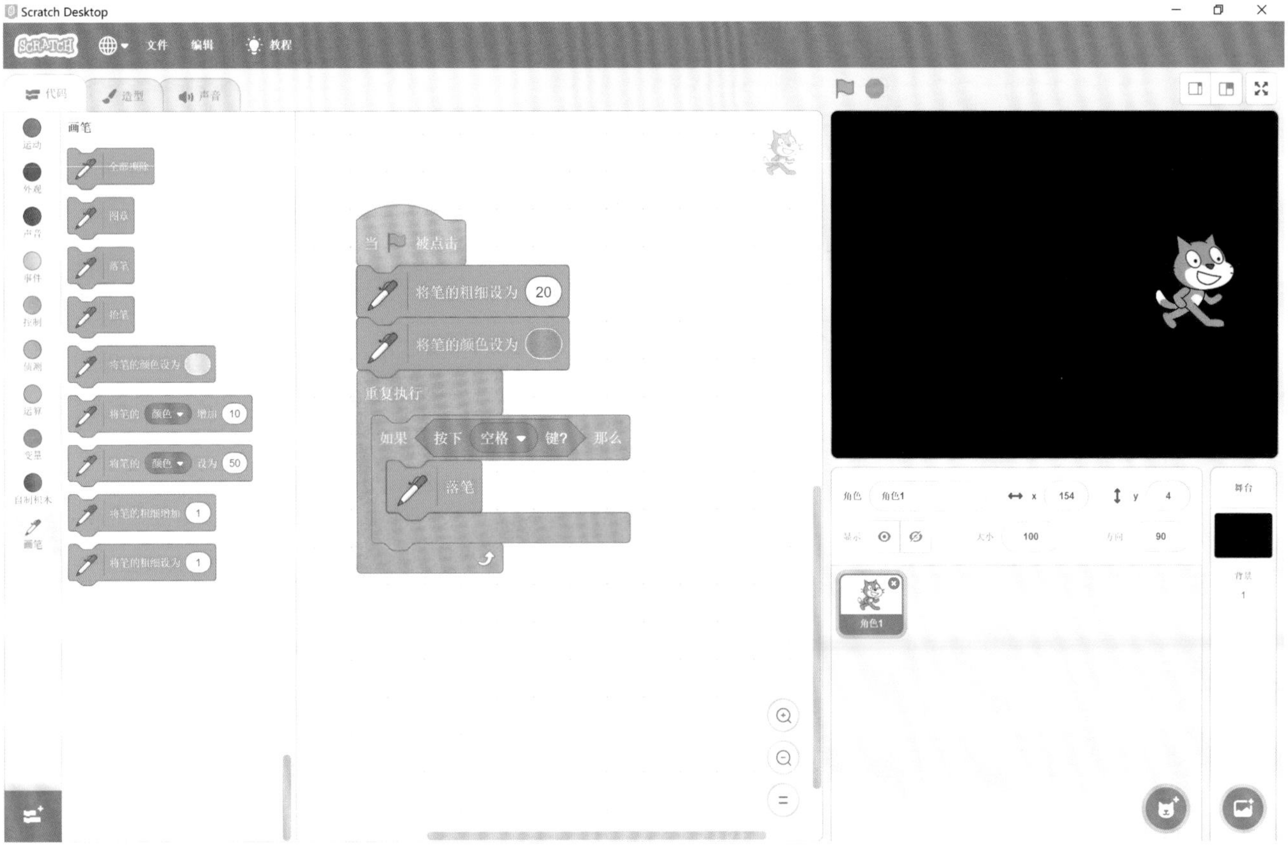
Scratch Desktop
文件
编辑
教程
代码
造型
声音
画笔
当 被点击
将笔的粗细设为 20
将笔的颜色设为
重复执行
如果 按下 空格 键? 那么
落笔
角色1
154
4
100
90

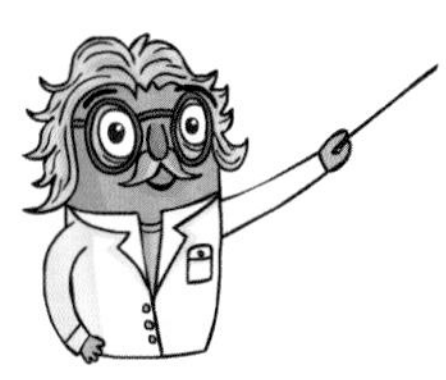

猴博士：现在我们就可以拖拽“小猫”来画画了。

小猴皮皮：猴博士，这样的话，小猫很快就能把舞台画满了。

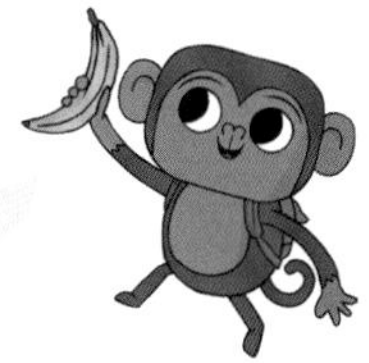

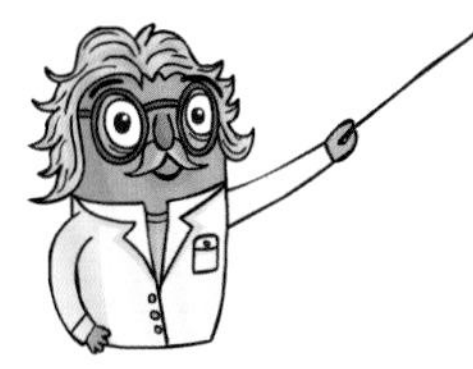

猴博士：你说的很对。这样，你来修改一下，画满了的时候，我们还能全部清空。

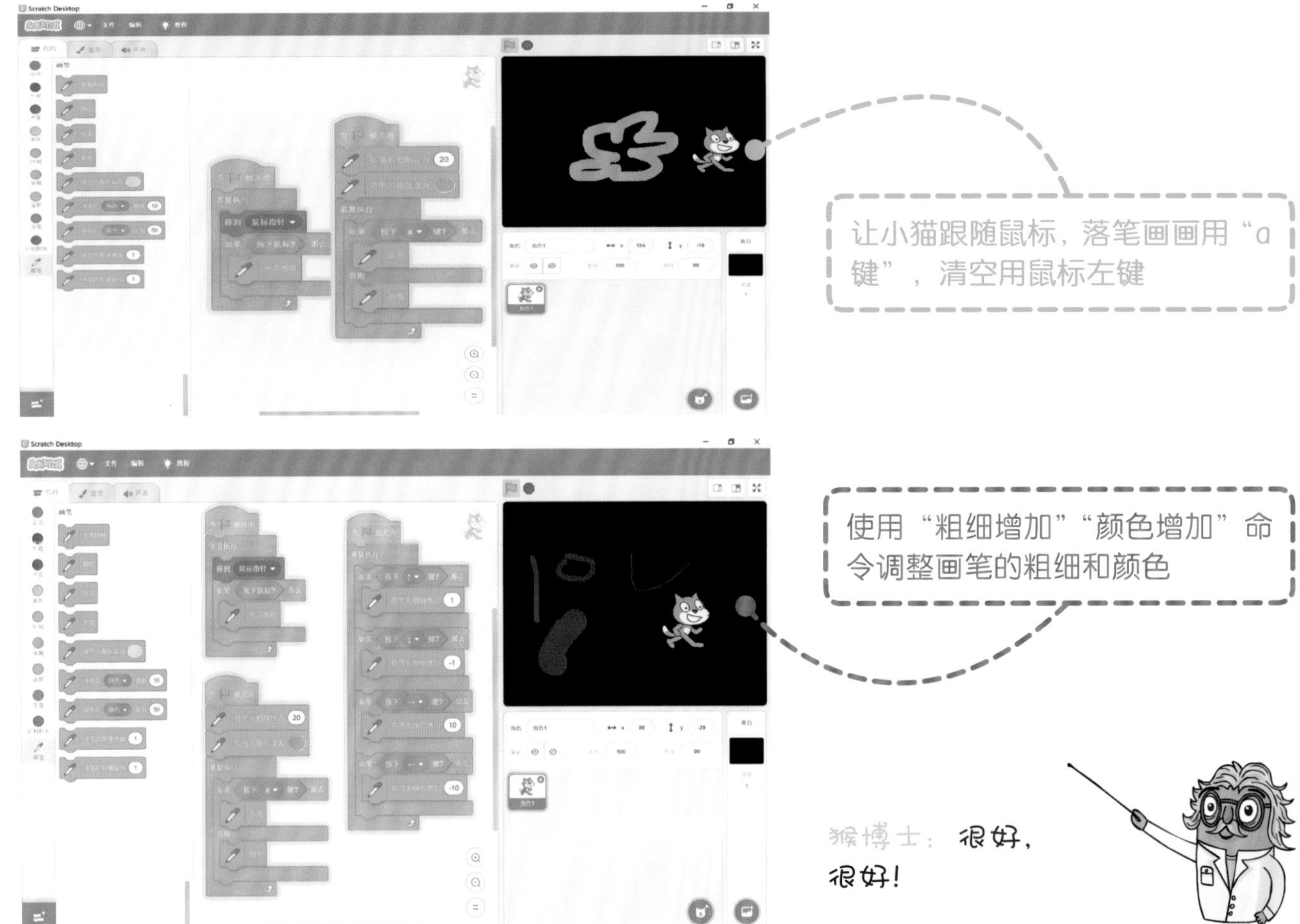

作业 HOMEWORK

请大家用画笔命令，让小猫给我们画一个贺卡吧！